高等职业教育艺术设计新形态系列"十四五"规划教材

酒店设计基础与实践

JIUDIAN SHEJI JICHU YU SHIJIAN

粟亚莉　赖旭东　编著

西南大学出版社
国家一级出版社　全国百佳图书出版单位

图书在版编目（CIP）数据

酒店设计基础与实践/粟亚莉,赖旭东编著.
重庆：西南大学出版社,2024.6. -- ISBN 978-7-5697-2239-0

Ⅰ.TU247.4

中国国家版本馆CIP数据核字第2024TV3416号

高等职业教育艺术设计新形态系列"十四五"规划教材

酒店设计基础与实践
JIUDIAN SHEJI JICHU YU SHIJIAN

粟亚莉　赖旭东　编著

选题策划：王玉菊
责任编辑：王玉菊
责任校对：龚明星
装帧设计：沈　悦　何　璐
排　　版：重庆新金雅迪艺术印刷有限公司
出版发行：西南大学出版社（原西南师范大学出版社）
地　　址：重庆市北碚区天生路2号
本社网址：http://www.xdcbs.com
网上书店：https://xnsfdxcbs.tmall.com
印　　刷：重庆新金雅迪艺术印刷有限公司
成品尺寸：210 mm×285 mm
印　　张：9.25
字　　数：339千字
版　　次：2024年6月第1版
印　　次：2024年6月第1次印刷
书　　号：ISBN 978-7-5697-2239-0
定　　价：69.00元

本书如有印装质量问题，请与我社市场营销部联系更换。
市场营销部电话：（023）68868624 68253705

西南大学出版社美术分社欢迎赐稿。
美术分社电话：（023）68254657

前言

FOREWORD

随着全球旅游业的蓬勃发展，酒店设计已经成为全球旅游业中至关重要的因素，直接影响酒店的形象。它不仅是品牌形象的重要组成部分，还在提升客户体验和创造独特魅力等方面发挥了关键作用。因此，对于现代酒店设计师来说，不仅需要创造性的灵感，还需要掌握扎实的设计基础和丰富的实践技能，以实现酒店的商业价值和社会责任。

本教材专为高等职业教育环境艺术设计专业学生而编写，旨在帮助学生深入了解酒店设计的核心原理和实践技巧，使他们能够在未来的职业生涯中成为优秀的酒店设计师。本教材的编写遵循系统化、实用性的原则，从酒店设计的基本概念出发，逐步展开，内容涵盖酒店设计的方方面面。第一章为酒店设计概述，包括酒店的定义、分类和设计的重要性，酒店设计与客户体验的关系，酒店设计师的角色与职责，以及中外部分著名酒店介绍。第二章详细介绍酒店设计流程，包括从项目启动到完成的各个阶段的流程，强调项目目标与需求的分析、前期准备工作的必要性、设计方案的制订和完善，以及施工与验收。第三章着重讲解酒店空间布局与功能分区，为学生提供合理规划和组织空间的原则与方法。第四章涵盖酒店室内设计与装饰，包括酒店室内设计的要素、原则与风格以及室内装饰元素和材料、色彩与照明的运用。第五章聚焦酒店设计趋势，包括智能化和科技应用、客户个性化体验、可持续性与环保设计，以及跨界合作与创新。第六章通过深入分析酒店设计实践案例，帮助学生了解酒店设计在实际项目中的应用和挑战。

本教材在理论性和实践性的结合上下足了功夫，旨在培养学生综合运用所学知识解决实际问题的能力。每章都配备了丰富的实例分析，以帮助学生深入理解和应用所学的理论知识。同时，我们也鼓励学生积极参与实践活动，去实地考察和调研优秀酒店设计案例，亲身感受酒店设计的魅力与挑战。

在编写本教材的过程中，我们参考了众多国内外著名酒店设计案例，借鉴了业界先进的设计理念与实践技巧，同时结合最新的行业发展动态，力求使内容既贴近实践，又具备前瞻性。只有坚持不懈地学习和实践，不断追求设计创新与品质，才能成为未来酒店设计领域的佼佼者。

课时计划

本课程建议总课时为 96 课时，其中理论课时为 34 课时，实训课时为 62 课时。

教学章节	教学内容	理论课时	实训课时
第一章	酒店设计概述	4	4
第二章	酒店设计流程	4	4
第三章	酒店空间布局与功能分区	6	10
第四章	酒店室内设计与装饰	6	10
第五章	酒店设计趋势	4	8
第六章	酒店设计实践案例	10	26

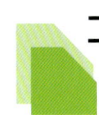

二维码资源目录

序号	资源内容	二维码所在章节	码号	二维码所在页码
1	熊猫很困酒店方案设计	第六章第一节	码1	117
2	博鳌·君临天下度假酒店方案设计	第六章第二节	码2	123
3	长航·美仑酒店方案设计	第六章第三节	码3	130

目录 CONTENTS

教学导引

第一章
酒店设计概述

第一节　酒店的定义及分类 03
　　一、按服务范围分类 03
　　二、按目标市场分类 05
　　三、按品质标准分类 09

第二节　酒店设计的重要性 14
　　一、创造独特的品牌形象 14
　　二、增加房间出租率 15
　　三、提高酒店的竞争力 17

第三节　酒店设计与客户体验的关系 19
　　一、设计的实用性 19
　　二、设计的美观性 20
　　三、设计的创新性 20
　　四、设计的文化性 20
　　五、设计的智能化 20

第四节　酒店设计师的角色与职责 21
　　一、研究市场需求 21
　　二、制订设计方案 21
　　三、确定预算和时间进度 21
　　四、酒店内部装修和家具的设计 21
　　五、酒店施工和监督的管理 21

第五节　中外部分著名酒店介绍 22
　　一、上海外滩华尔道夫酒店 22
　　二、香港丽思卡尔顿酒店 22
　　三、巴黎丽兹酒店 23
　　四、伦敦朗廷酒店 24

实训练习 24

第二章
酒店设计流程

第一节　酒店设计的目标与需求分析 27
　　一、确定设计的目标 27
　　二、需求收集与分析 28
　　三、制订设计准则 30

第二节　酒店设计的前期准备 32
　　一、酒店设计计划与准备 32
　　二、实地勘察与分析 33
　　三、设计概念与创意构想 33

第三节　制订设计方案 36
　　一、概念规划阶段 36
　　二、空间规划和布局设计 36
　　三、方案设计阶段 37

四、材料选择和配套设计 37

第四节　完善设计方案 39

　　一、方案细化 40

　　二、工程图纸 41

　　三、施工材料 41

　　四、装修风格和主题 41

　　五、预算调整 42

第五节　施工与验收 43

　　一、施工阶段 43

　　二、验收阶段 44

实训练习 44

第三章
酒店空间布局与功能分区

第一节　酒店规划和布局的基本原则 47

　　一、酒店的功能定位 48

　　二、客户需求分析 48

　　三、空间尺度与比例 48

　　四、建筑风格与造型 49

第二节　功能分区与空间布局 49

　　一、功能分区的基本原则 50

　　二、常见的功能分区 50

　　三、空间布局方法 51

　　四、空间布局模式 53

第三节　空间流线设计 55

　　一、空间流线设计的重要性 55

　　二、空间流线的设计原则 55

　　三、空间流线规划 56

第四节　功能空间设计 58

　　一、大堂设计 58

　　二、客房设计 62

　　三、餐饮空间设计 65

　　四、健身娱乐空间设计 69

实训练习 72

第四章
酒店室内设计与装饰

第一节　酒店室内设计要素、原则与风格 74

　　一、酒店室内设计要素 74

二、酒店室内设计原则 75

三、酒店室内设计风格 78

第二节 酒店室内装饰元素和材料 85

一、装饰品和艺术品 85

二、饰面材料 86

第三节 色彩与照明的运用 90

一、色彩心理学 90

二、色彩搭配 91

三、照明设计 93

四、照明设计的节能与环保 95

实训练习 96

第五章
酒店设计趋势

第一节 智能化和科技应用 98

一、酒店智能化系统的发展和应用 98

二、人工智能技术在酒店管理和服务中的应用 99

三、虚拟现实和增强现实技术在酒店体验中的应用 100

四、酒店设计与数字化转型 102

第二节 客户个性化体验 103

一、个性化需求的满足 104

二、数据分析和人工智能技术的应用 104

三、引入创意和互动性的设计 105

第三节 可持续性与环保设计 106

一、绿色建筑和可持续性设计的发展趋势 106

二、环保材料和装饰品的广泛应用 107

三、酒店与周边环境的融合 107

第四节 跨界合作与创新 109

一、跨界合作的意义 109

二、多元合作的创新 110

三、推动酒店设计走向可持续发展 113

实训练习 114

第六章
酒店设计实践案例

第一节 熊猫很困酒店 116

第二节 博鳌·君临天下度假酒店 123

第三节 长航·美仑酒店 130

实训练习 135

参考文献 136

后记 136

教学导引

一、教材基本内容设定

酒店设计是高等职业教育环境艺术设计专业的一门综合性很强的必修课程。高等职业教育以培养应用型人才为目标，其课程特色是由其特定的培养目标和人才培养模式决定的，合理的课程设置是人才规格定位的基础。本教材依据目前高等职业教育环境艺术设计课程的教学大纲确立体例架构，设定基本内容，具体内容如下。

1. 酒店设计概述。本章将阐述酒店设计的基本概念，包括酒店的定义、分类以及酒店设计在整个酒店经营中的重要性和价值等内容。通过本章内容的学习，学生将了解酒店设计师在塑造品牌形象、提升客户体验及创造独特魅力方面所扮演的角色和承担的职责。

2. 酒店设计流程。本章将介绍酒店设计的全流程，涵盖项目从开始到结束的各个阶段。通过本章内容的学习，学生将了解酒店设计的目标和需求分析、前期准备工作，以及设计方案的制订和完善；学生将具备解决实际设计问题的能力，以及在项目各个阶段进行有效沟通和协作的能力，确保项目成功实施。

3. 酒店空间布局与功能分区。本章重点介绍酒店规划和布局的原则与方法。通过本章内容的学习，学生将能熟练掌握酒店功能定位和客户需求分析的方法。他们不仅会理解空间尺度与比例在酒店设计中的地位，还将深入探讨建筑风格与造型在酒店设计中的应用。此外，他们还将学会如何合理规划和组织酒店空间，以满足多样化的功能需求，同时确保空间的舒适性与实用性达到最佳状态。

4. 酒店室内设计与装饰。本章将深入探讨酒店室内设计的基本原则和艺术表现。通过本章内容的学习，学生将学会选择和运用装饰元素、材料、色彩与照明等，以创造具有吸引力和独特性的酒店室内环境。同时，本章还将探讨如何在酒店室内设计中平衡功能性与美观性，使酒店营造出独特的品牌氛围。

5. 酒店设计趋势。本章将展望酒店设计的未来发展方向。通过本章内容的学习，学生将了解智能化和科技在酒店设计中的应用，理解可持续性与环保设计的重要性，以及个性化体验和跨界合作与创新。这些内容将使学生了解行业的前沿趋势，为他们未来的职业发展提供有价值的启示。

6. 酒店设计实践案例。本章将提供系列实际酒店设计案例供学生分析和探讨。通过实践案例的分析，培养学生解决实际问题的能力，使他们在今后的酒店设计中能应用所学知识解决设计挑战。同时，他们还能从优秀案例中汲取灵感和经验，从而提升自己的设计水平和创造力。

以上六个章节从理论到实践，由浅入深，呈现了教学循序渐进的科学性。本教材内容丰富且实用，不仅适用于课堂教学，还为学生提供了进一步自学和自我提高的途径。

二、教材预期教学目标

酒店设计具有很强的综合性和应用性。其专业理论和技术层面跨度较大，审美性及时代性要求较高，对学生设计应用能力的培养具有重要作用，对学生综合思维和设计技巧等基本专业素养的形成有重要影响。

本教材的预期教学目标是：通过酒店设计理论知识的讲解、设计原则与方法的介绍和实际设计案例的分析，使学生了解酒店设计的基本原理，并掌握酒店设计的基本方法。本教材旨在培养学生的设计思维和设计表达能力、综合设计应用能力及技术运作能力；培养学生独立、严谨的工作作风和团队意识，使学生毕业走上工作岗位后，在实践过程中能不断提升自己的创造力和实际工作能力，把自己打造成一名合格的设计师，并能与设计团队一起创作高质量的酒店设计作品。

三、教材基本体例架构

本教材基本体例架构与其他酒店设计教材的主要区别在于贴近人才培养目标、教学实际和学生学习心理，突出教学的实用性。根据大纲规定的总学时，本教材为任课教师提供了一个合理的教学模式、运行程序及训练建议。根据大纲要求，每个章节有明确的教学目标、教学重难点及详尽的教学内容。

根据本教材的预期教学目标及各章节教学目标，设置具有典型性和概括性的实训练习，难度由低到高，希望通过几个章节的设计实践训练，能培养学生酒店设计的综合运用能力。

四、教材实施的基本方式及手段

本课程实施的基本方式有下列五种：任课教师讲授、优秀设计作品实例分析、现场调查研究、师生互动讨论及实训练习。

1.任课教师讲授：这是一种传统的教学方式，以教师为主体，对教材中酒店设计理论进行系统的讲授，目的在于让学生对酒店设计理念及原理有一个清晰明确的认识。教学效果的好坏主要在于任课教师理论素养的高低和备课的深入程度。本教材为任课教师的理论讲授提供了良好的基本框架。

2.优秀设计作品实例分析：在酒店设计的教学过程中，优秀设计作品实例的分析是一个至关重要的环节。酒店设计作为一种空间设计艺术，其核心理念和创意往往通过具体的空间布局、造型设计和细节处理得以体现。因此，通过深入剖析国内外优秀的酒店设计作品，将课程的基本原理与观念融入直观的设计作品之中，帮助学生更直观地理解设计原理，提升设计思维，掌握设计方法和技巧。

3. 现场调查研究：酒店设计是一门综合性很强的课程，与社会经济活动密切相关，因此在教学过程中安排或带领学生进行现场调查研究是十分必要的。教学尽量安排开放式教学法，在教学过程中多安排学生现场参观，让学生熟悉施工工艺和装饰材料，直观地理解设计，增加感性知识，做到有针对性地认知、把握所学知识。现场调查研究能帮助学生树立实战的心理状态，避免闭门造车、脱离实际的教学行为。

4. 师生互动讨论：在传统的教学观念中，教学活动主要是教师向学生传授知识，其主体是教师，教师仅仅是授业者；而在现代的教学观念中，学生是教学的主体，教师在教学活动中既是知识与思想的传播者，也是教学活动的组织者和引导者。教师的主导作用在于启发、诱导，其角色向更高层面转换，同时也对教师的能力提出了更高的要求。

5. 实训练习：这是训练学生动脑动手的重要手段，是培养应用型人才实际设计能力的重要措施。学生通过教师的理论讲授和实例分析获得的理解与感悟，必须通过实训练习才能转化成设计的应用能力。因此，从实训练习的设定到教师对学生的辅导及学习小结，都是不可忽略的重要环节。

五、教学部门如何实施本教材

本教材作为一本应用性很强的设计教材，紧密结合了高等职业教育的特点和设计人才的培养需求，为任课教师提供明确的教学指导，任课教师可依据它开展教学活动，从而使教学活动有章可循，将教学活动纳入科学、合理、系统的轨道之中；为学生的学习活动提供有效支撑，学生有了本教材，对课程的实施细节、具体要求、所要讲授的专业理论、预期目标等内容就有了一个基本的了解和把握，对课程内容做到心中有数，从而可以进行自主的学习。对于教学管理部门来说，本教材将能为其提供一种科学合理的教学模式以及新的教学思路，从而有效地规范课程的教学活动与教学行为，推动教学质量的提高，实施有效的教学管理，还可以以本教材为依据检查任课教师的教学质量及学生的学习进度，对课程的教学情况作出合理的评估。

六、教师把握的弹性空间

环境艺术设计专业教学与其他专业教学的不同之处在于其鲜明的个性化特点，充分尊重任课教师在教学活动中的创造性与灵活性，不用完全受条条框框的约束。因此，作为实施教学活动的教材也必须预留一定的弹性空间，这样才有助于任课教师主动性的发挥。本课程的任课教师可以把握的弹性空间主要体现在以下三个方面。

首先，在酒店设计理论的阐述上，教师对教材的把握尺度不求过全过深，而是选择重点内容进行讲授，深入浅出，这样就为任课教师留了很大的自由度与空间。任课教师可以根据学生设计水平的高低，以本教材表述的基本理论为基础，在酒店设计理论和观念的表述上作深浅适度的变化，融入任课教师自己独到的观点和见解，使酒店设计教学活动不仅规范合理，而且具有个性化特色。

其次，在教学方法和教学组织方式上，本教材提供了一些建议，未做任何的具体规范，给任课教师预留了充分的灵活空间。教师在教学活动中，不仅仅是知识的传授者、讲解者，还应该是组织者、引导者，因此任课教师根据自己的教学思维，按照人才培养目标，采用恰当的教学方法和教学组织方式十分重要。建议任课教师综合运用多种教学方法，灵活多变地组织教学，最大限度地调动学生的学习积极性与主动性。在教学过程中，教师应多引导学生主动地获取，而不是让学生被动地接纳。

最后，本教材在每个章节后面设置了实训练习。其目的是为任课教师提供一个思考、选择的空间，便于任课教师根据本校专业设置的不同情况和学生设计水平的高低，选择最符合教学对象的实训练习，从而创造最佳的教学效果，培养出具有综合能力的酒店设计类应用型人才。

第一章
酒店设计概述

第一节　酒店的定义及分类

第二节　酒店设计的重要性

第三节　酒店设计与客户体验的关系

第四节　酒店设计师的角色与职责

第五节　中外部分著名酒店介绍

教学目标

1. 基础知识与概念的建立：让学生对酒店设计的基础知识和概念有清晰的认识，了解不同类型和等级的酒店。通过深入了解和熟悉目前酒店设计的风格、潮流和趋势，培养学生分析酒店设计演变和创新的能力。

2. 美学与心理学的运用：强调对酒店设计的美学原理和行为心理学的理解与应用，使学生能够从美学与心理学层面分析和评价酒店设计。通过多媒体等现代教学方式，促使学生对中外酒店的发展历程、发展趋势等有深入认识，培养其在实际设计中运用理论知识的能力。

教学重难点

重点：

1. 深入理解酒店的服务特征，包括住宿、餐饮、娱乐等服务，以及酒店的不同分类标准。
2. 强调设计在客户体验和酒店经营效益中的关键作用，认识设计在提升客户体验和酒店经营效益方面的重要性，培养学生的综合能力和创新思维。

难点：

1. 区分不同类型的酒店，充分理解它们的独特特征，深入洞察它们各自的经营模式，为设计提供更有针对性的方案。
2. 围绕酒店的市场定位进行设计，以确保设计方案能够实现商业价值。

    酒店作为旅游行业的重要组成部分，扮演着至关重要的角色。它不仅为旅游者提供住宿服务，更为整个旅游行业的发展和提升提供重要支持。本章首先介绍酒店的定义和分类，从服务范围、酒店类型和品质标准等方面加以说明，再探讨酒店设计的价值和重要性，涵盖塑造品牌形象、提升客户体验、增加房间出租率和提高竞争力等方面。其次，还将探讨酒店设计与客户体验的密切关系，从实用性、美观性、创新性、文化性和智能化等角度展开阐述。最后，将介绍酒店设计师的角色和职责，包括市场需求研究、设计方案制订，以及与客户和承包商的沟通等。通过本章内容的学习，学生将能全面了解酒店设计的基本概念和设计原则，为后续内容的学习打下坚实基础。

第一节　酒店的定义及分类

　　酒店是一种提供住宿、餐饮和其他服务的商业机构，专门为旅客、商务人士等提供暂时性的住宿服务等。它们通常提供客房、餐厅、会议室、娱乐设施等，旨在为客人提供舒适、便捷和安全的住宿环境，满足客人的各种需求。酒店的类型和级别各有不同，不同类型的酒店有不同的特点和服务水平，以满足不同客户群体的需求。根据服务范围、目标市场、品质标准等特点，可对酒店进行不同方式的分类。（表1-1、图1-1、图1-2）

表1-1 酒店分类表

分类	名称
服务范围	高档酒店、中档酒店、经济型酒店
目标市场	商务酒店、度假酒店、主题酒店、精品酒店等
品质标准	五星级酒店、四星级酒店、三星级酒店、二星级酒店、一星级酒店
建筑规模	特大型酒店、大型酒店、中型酒店、小型酒店

一、按服务范围分类

1. 高档酒店

　　高档酒店是一种服务于追求奢华和高端享受的旅客的酒店，通常提供高品质的住宿和餐饮服务，价格较高。它们通常位于城市的高档商业中心、旅游景点周边或者风景秀丽的自然环境中。高档酒店的特点和服务内容如下。

（1）住宿设施豪华

　　高档酒店的住宿设施非常豪华，房间面积较大，配备高品质的床铺、卫生间、空调等设施，通常提供高档次的装饰和家电设施，如液晶电视、音响系统、温泉浴池等。

图1-1 酒店大堂接待台　　　　　　　　　　图1-2 酒店大堂吧

(2) 餐饮服务精致

高档酒店通常提供精致和高品质的餐饮服务，如提供多种菜系风格和口味的高端餐厅，以及酒吧、咖啡厅等多样化的选择，同时也提供24小时客房服务。

(3) 价格较高

由于提供的服务有非常高的品质且豪华，高档酒店的价格较高。

(4) 服务非常全面

高档酒店提供全面的服务，如行李寄存、礼宾接待、前台服务、清洁服务等，还配有会议室、健身中心、水疗中心等，旨在为客人提供舒适、便利的住宿体验。

(5) 管理模式非常规范

高档酒店的管理模式非常规范，通常采用极其严格的服务标准和流程，以确保服务的高品质和效率。

2. 中档酒店（图1-3、图1-4）

中档酒店是一种服务于追求舒适和便利的旅客的酒店，通常提供相对高品质的住宿和餐饮服务，价格也相对较高。它们通常位于城市的商业和商务中心地带或者旅游景点周边。中档酒店的特点和服务内容如下。

(1) 住宿设施舒适

中档酒店的住宿设施相对舒适，房间面积较大，配备高品质的床铺、卫生间、空调等设施，通常提供较高档次的装饰和家电设施。

(2) 餐饮服务丰富

中档酒店通常提供丰富和相对高品质的餐饮服务，如提供中式、西式、日式等多种菜系风格和口味的餐厅，以及酒吧、咖啡厅等多样化的选择。

(3) 价格相对较高

由于提供的服务品质相对较高，中档酒店的价格也相对较高，能够满足那些注重舒适和品质的旅客的需求。

(4) 服务比较全面

中档酒店通常提供较为全面的服务，如行李寄存、礼宾接待、前台服务、清洁服务等。

(5) 管理模式规范

中档酒店通常采用标准化的服务流程和管理模式，以保证服务的质量和效率。

3. 经济型酒店

经济型酒店是一种服务于追求性价比的旅客的酒店，通常提供简单、基本的住宿和餐饮服务，价格相对较低。它们通常位于城市交通便利地带或者主要旅游景点附近。经济型酒店的特点和服务内容如下。

(1) 住宿设施简单

经济型酒店的住宿设施相对简单，房间面积较小，配备基本的床铺、卫生间、空调等设施，通常不提供豪华装饰和高端家电。

(2) 餐饮服务常规

经济型酒店通常提供简单的餐饮服务，如早餐、小吃，通常没有高档的餐厅或酒吧。

(3) 价格相对便宜

由于提供的服务相对简单，经济型酒店的价格相对较低，可以满足那些注重性价比的旅客的需求。

(4) 服务比较基本

经济型酒店通常没有高端的服务，如行李寄存、礼宾接待等服务，但是会提供基本的前台服务、清洁服务等。

(5) 管理模式较为规范

为了控制成本和提高效率，经济型酒店通常采用较为统一的管理模式和标准化的服务流程。

图1-3 简洁的吊灯恰到好处地点缀其间，为空间增添了独特的光影效果

图1-4 酒店茶室地面铺设灰色地毯，为空间带来柔和的质感；沉稳的暗红色茶桌成为焦点，赋予空间独特的温馨氛围

二、按目标市场分类

1. 商务酒店（图1-5至图1-7）

商务酒店是一种服务于商务旅客的酒店，通常提供高品质的住宿和餐饮服务，同时也提供商务设施和会议室等专业服务，以满足商务旅客的需求。它们通常位于城市的商业中心、商务区或者交通便利的地段，一般靠近城市中心，主要以接待从事商务活动的客人为主，为商务活动服务。这类酒店对硬件设施和舒适性有较高的要求，特别是对商业活动设施和通信系统要求较高，如照明系统、办公桌椅、互联网接口、电话设备等。商务酒店服务功能完善，为客人提供舒适、安全且便捷的住宿体验，其客流量一般不易受到季节变化的影响。商务酒店的特点和服务内容如下。

（1）住宿设施舒适

商务酒店的住宿设施相对舒适，房间面积较大，配备高品质的床铺、卫生间、空调等设施，同时也提供方便商务旅客使用的电脑、电话等设备。

（2）餐饮服务便捷

商务酒店通常提供方便快捷的餐饮服务，如24小时客房、自助餐厅、咖啡厅等服务，以满足商务旅客的不同需求。

（3）商务设施齐全

商务酒店提供全面的商务设施，如会议室、商务中心、高速互联网接口等服务，以方便商务旅客进行会议、商务洽谈等活动。

（4）服务高效

商务酒店的服务通常比较高效，如前台服务快速、清洁服务及时、餐饮服务快捷，以满足商务旅客时间紧迫的需求。

2. 度假酒店（图1-8至图1-12）

度假酒店是一种专门为旅客提供放松、休闲和娱乐的酒店，通常位于景点或风景秀丽的地方，提供高品质的住宿和餐饮服务，同时也提供各种娱乐设施和活动，以满足旅客度假的需求。度假酒店的主要优势在于其能够巧妙地结合不同区域、不同特色的自然景观和生态环境，向旅客传达丰富多彩的历史文化。度假酒店除了具有住宿、餐饮、娱乐、会议等常规设施外，根据地理环境、地区条件的不同，酒店设施还展现出不同的特色。度假酒店在外部设计、内部装修上更注重对自然景观的利用，强调与大自然的和谐及与环境的相融，以达到人与自然亲密接触的目的。度假酒店的特点和服务内容如下。

图1-5 米色沙发为空间增添温馨氛围，为商务人士提供舒适的休憩场所

图1-6 浅灰色的石材和深灰色的砖在空间中营造出坚实和稳重的感觉

图1-7 自然光通过宽大的窗户洒入，为商务酒店的休息空间注入了活力和生机

（1）住宿设施舒适

度假酒店的住宿设施相对舒适，房间面积较大，装饰风格通常与周围的自然环境相协调，如海滨酒店的海洋色调、山区酒店的木质结构等，同时也配备高品质的床铺、卫生间、空调等设施。

（2）餐饮服务多样

度假酒店通常提供多样化的餐饮服务，如自助餐厅、酒吧、咖啡厅等，同时也提供当地特色美食和国际化菜系的选择，以满足旅客的不同需求。

（3）娱乐设施丰富

度假酒店提供丰富的娱乐设施和活动，如游泳池、高尔夫球场、SPA 中心及水上运动等，以满足旅客的休闲需求。

（4）服务热情周到

度假酒店的服务通常比较热情周到，如前台服务细致、清洁服务及时、餐饮服务热情，让旅客感受到宾至如归的体验。

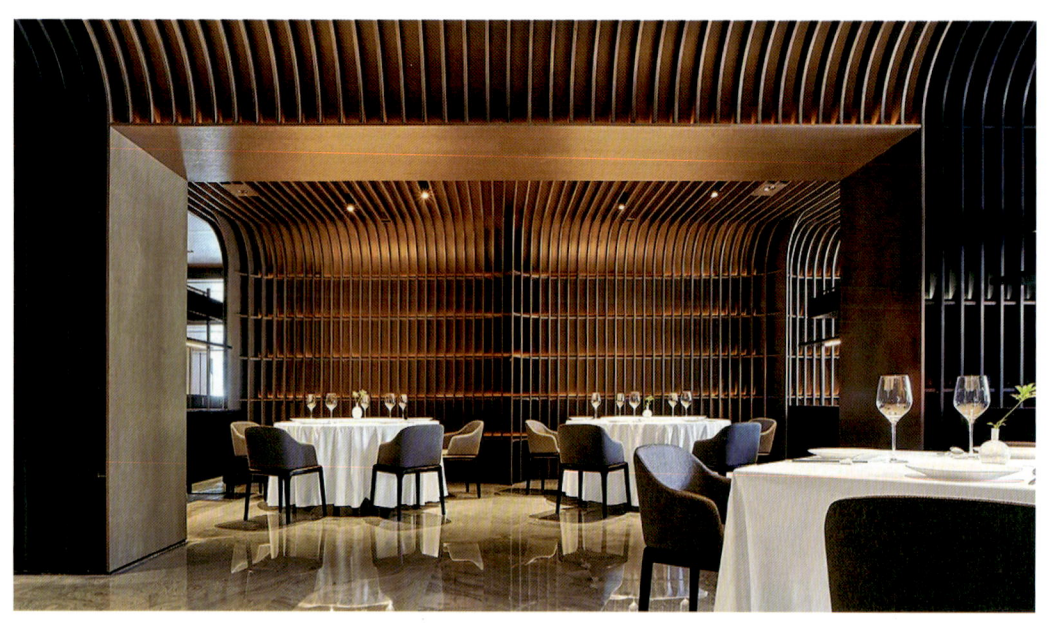

图 1-8 白色的餐桌为整体空间增加了一丝清新和明亮感

图 1-9 深色的木地板营造出沉稳而具有质感的空间氛围；浅色的椅子作为点缀，为休闲空间增加了一些轻盈感

第一章
酒店设计概述

图1-10 采用玻璃和土墙材质的设计，巧妙地将现代感与自然韵味融为一体

图1-11 浅绿色的推拉门为空间增添了活力和生机，与深色的餐桌形成鲜明的对比

图1-12 白色羽毛状吊灯悬挂在餐桌上方，如同轻盈的云朵般飘浮在空中，为空间增添了一分优雅和浪漫

3. 主题酒店

主题酒店是以特定主题为核心设计的酒店，通常为旅客提供独特的住宿和娱乐体验。其最大的特点是赋予酒店某种主题，以某一特定的主题来体现酒店的建筑风格、装饰艺术及文化氛围，也可以将服务项目融入主题，以个性化的服务取代一般化的服务，为顾客营造个性化的文化氛围，提供充满欢乐与刺激的沉浸式体验。主题酒店往往以所在地域的自然、人文或社会元素作为主题，从而表现出独特的文化内涵与魅力。其特点和服务内容如下。

（1）独特的主题设计

主题酒店的设计通常以特定主题为核心，包括房间内外的装饰、设施等。这些主题可以通过电影、音乐等艺术形式，吸引那些寻求独特体验的旅客。

（2）富有特色的住宿体验

主题酒店提供特色住宿体验，其房间通常具有独特的设计和装饰，如电影主题的房间可以装饰成电影场景，音乐主题的房间可以装饰成录音棚等，给客人提供与众不同的住宿体验。

（3）丰富的娱乐设施和活动

主题酒店通常提供丰富的娱乐设施和活动，如电影院、音乐酒吧等设施，以及艺术展览和各类文化活动等，以满足旅客的需求。

4. 精品酒店

精品酒店是注重设计、服务和文化内涵的高品质酒店，其特点是独特的设计、贴心的服务、富有特色的餐饮、丰富的文化内涵和相对较高的价格。精品酒店通常注重环境和氛围的营造，提供高品质的住宿体验。目前市面上还有些精品酒店名称为艺术酒店、时尚酒店等，它们有时尚的概念、原创的主题、与众不同的设计风格和理念及个性化服务等。精品酒店的特点和服务内容如下。

（1）设计独特

精品酒店通常注重设计和装修风格的独特性，以营造出独特的氛围和体验。它们的装修设计通常非常精致、细腻，注重细节和个性化，以创造一个与众不同的住宿环境。（图1-13、图1-14）

（2）服务贴心

精品酒店通常提供高品质的服务，服务内容非常贴

图1-13 红色的花朵成为设计灵感的源泉

图1-14 醒目的红色花朵装饰为空间带来生机与活力

心周到。酒店员工通常会提供个性化的服务，如旅游咨询、行程定制及特色餐饮、文化体验等服务。

（3）餐饮特色

精品酒店通常拥有特色餐厅或酒吧，提供高品质的餐饮服务。其餐饮服务通常注重原材料的品质和食物的味道，通过优质的食材、美味的菜品、优雅的用餐环境及周到的服务，为旅客打造独特的用餐体验。

（4）文化内涵

精品酒店注重文化内涵的体现，以反映当地的历史文化特色。酒店通常会提供一些文化活动或体验活动，如参观当地景点、体验当地手工艺品等。

三、按品质标准分类

为了促进酒店建设和酒店经营的健康发展，进一步提高酒店的管理水平及服务质量，满足不同层次消费者的需求，按照酒店的规模、配套设备、服务质量、管理水平，逐渐形成了比较统一的等级划分标准。等级划分成为酒店设计的一项重要指标。酒店的等级在不同国家表示的方式有所不同，一般用"星"的数目、级、字母来表示。例如，瑞士酒店采用五星制，英国酒店以皇冠一至五作为等级符号，阿根廷酒店分豪华、A、B、C、D共五级。随着酒店业的快速发展，酒店设施和质量不断提高，现在已出现七星级的豪华酒店。

我国的酒店通常采用星级划分作为依据，并以星号来表示。星级酒店的评定标准一般包括酒店的服务、设施、管理、卫生等方面的考量。星级酒店的等级越高，其提供的服务和设施通常也越高档和豪华。不同星级的酒店有不同的特点和服务，旅客可以根据自己的需求和预算进行选择。星级的等级通常分为五星级、四星级、三星级、二星级和一星级。

1. 五星级酒店

五星级酒店属于高档酒店，提供的设施和服务非常豪华。客房装修精美，配备高档家具、豪华床品、高科技设施和私人卫浴等。餐厅提供的食物和饮料质量上乘，服务水平非常高。娱乐设施非常丰富，包括健身房、游泳池、SPA中心、高尔夫球场等。会议室和商务中心设施也非常先进，提供会议设备租赁、翻译服务等。五星级酒店员工需要接受专业培训，以提供礼宾、叫车、行李寄存、旅游咨询等优质服务。五星级酒店旨在为客人提供高级别的住宿体验和服务，无论是旅游客人还是商务客人，都可以在五星级酒店中享受到高端、舒适的住宿体验。五星级酒店的特点和服务内容如下。（表1-2）

表1-2 五星级酒店各功能空间面积

酒店各功能空间	占总面积的百分比
客房	55%—60%
餐饮	5%—7%
宴会厅	8%—10%
康乐	5%—7%
行政后勤	控制在1%以内
后勤	8%—10%
机电设备	8%—10%

（1）客房

五星级酒店提供的客房通常非常豪华、宽敞和舒适，装修精美，配备高档家具、豪华床品、高科技设施和私人卫浴等。客房提供免费无线网络和24小时客房服务，以满足客人的各种需求。（图1-15）

（2）餐饮

五星级酒店通常提供多个餐厅，包括高档餐厅、自助餐厅、特色餐厅等。餐厅提供的食物和饮料质量上乘，服务水平也非常高。在一些五星级酒店中，客人甚至可以享受私人厨师为其特制的菜肴。（图1-16）

（3）娱乐设施

五星级酒店通常提供各种娱乐设施，如健身房、游泳池、桑拿洗浴中心、高尔夫球场、网球场等，以满足客人的休闲娱乐需求。这些设施通常非常豪华，提供高级服务。

（4）会议室和商务中心

五星级酒店通常设有高档的会议室和商务中心，提供各种商务服务，如会议设备租赁、翻译等，以满足商务客人的需求。这些设施通常也非常豪华，以提供高端的商务服务。（图1-17、图1-18）

2. 四星级酒店

四星级酒店通常拥有较高的装修水平和设施设备，提供较高的服务质量。四星级酒店是星级酒店中的高档酒店之一，注重为客人提供优质服务，包括礼宾服务、行李寄存服务、叫车服务、旅游咨询服务，以及24小时客房服务等。同时，酒店还注重员工的职业规划和成长，通过员工的专业培训和教育确保顾客获得高品质服务体验。四星级酒店的特点和服务内容如下。

（1）客房

四星级酒店提供的客房通常比较豪华和舒适，装修风格独特，配备高档家具、床品、卫浴设施等。客房配备免费无线网络和 24 小时客房服务，以满足客人需求。（图 1-19、图 1-20）

（2）餐饮

四星级酒店通常提供多个餐厅供旅客选择，包括高档餐厅、自助餐厅等。餐厅提供的食物和饮料品质较高，服务也比较优质。（图 1-21）

（3）娱乐设施

四星级酒店通常提供一些基本的娱乐设施，如健身房、游泳池、桑拿房等，以满足客人的休闲娱乐需求。这些设施通常比较舒适且干净整洁。

（4）会议室和商务中心

四星级酒店通常设有会议室和商务中心，提供会议设备租赁、翻译等商务服务，以满足商务客人的需求。这些设施通常比较先进和专业。

3. 三星级酒店

三星级酒店是星级酒店中的中档酒店，提供相对较高的设施和服务，如客房、餐厅、会议室、商务中心、停车场等。三星级酒店的特点和服务内容如下。

（1）客房

三星级酒店的客房装修风格简约，配备相对较高的家具、床品、卫浴设施等。客房通常还配备了免费无线网络和 24 小时客房服务，以满足客人需求。

（2）餐饮

三星级酒店通常提供餐厅或酒吧，提供相对较高的餐饮服务。

（3）娱乐设施

三星级酒店通常提供相对较高的娱乐设施，如健身

图 1-15 酒店客房内的弧形落地玻璃窗为房间增添了现代感和宽敞感

第一章
酒店设计概述

图 1-16 酒店餐饮空间

图 1-17 高低起伏、变化多端的墙面造型，使整个空间的层次感更强

图 1-18 酒店小型会议室

图1-19 自然光线通过落地窗充满整个房间

图1-20 浅米色的沙发为整体空间注入温馨的氛围

图1-21 酒店餐饮空间

房、游泳池等，但不如高档酒店丰富多样。

（4）会议室和商务中心

三星级酒店通常设有简单的会议室和商务中心，提供基本的商务服务，如会议设备租赁、复印等，但服务水平和设施比较简单。

4. 二星级酒店

二星级酒店提供基本的设施和服务，注重为客人提供基本的住宿需求。虽然比较简陋，但价格相对较低，适合那些对住宿条件要求不高的旅客和商务客人。二星级酒店的特点和服务内容如下。

（1）客房

二星级酒店提供的客房装修简单，配备基本的家具、床品、卫浴设施等。客房通常不提供免费无线网络和24小时客房服务，但客人可以向前台咨询并付费使用。

（2）餐饮

二星级酒店通常提供基本的餐饮服务，如简单的自助早餐。食物和饮料的品种较少、质量较低。

（3）娱乐设施

二星级酒店通常不提供娱乐设施，或仅提供一些基本的设施，如电视、音响等。

（4）会议室和商务中心

二星级酒店通常不提供会议室和商务中心，但前台可以提供一些基本的商务服务，如复印等。

5. 一星级酒店

一星级酒店提供简单的设施和服务，为客人提供简单的住宿需求。一星级酒店的特点和服务内容如下。

（1）客房

一星级酒店提供的客房非常简单，通常仅配备必要的家具、床品和卫浴设施，不提供任何高档的设施和服务。

（2）餐饮

一星级酒店通常不提供餐饮服务，或仅提供一些基本的饮料和小吃，不提供正餐。

（3）娱乐设施

一星级酒店通常不提供娱乐设施。

（4）会议室和商务中心

一星级酒店通常不提供任何会议室和商务设施。

第二节　酒店设计的重要性

酒店设计是指将建筑、景观等元素结合起来，创造出一个高品质、独特而舒适的住宿环境。一个成功的酒店设计不仅仅是为了美观和舒适，还应该考虑酒店的经营目标、品牌定位以及客户需求。酒店设计不仅可以提高酒店的品牌形象、客户体验、出租率和竞争力，还可以体现酒店的文化内涵和价值观。因此，酒店设计对于酒店来说具有非常重要的价值和意义。

一、创造独特的品牌形象

酒店设计是酒店营销中的重要组成部分。优秀的酒店设计可以营造出独特的品牌形象，吸引并留住顾客，提高品牌知名度和价值。创造独特的品牌形象是酒店设计的一个重要目标，可以通过以下几个方面来实现。

1. 突出品牌的特色

酒店设计可以通过建筑、装修、景观等方面来突出酒店的品牌特色。例如，酒店可以在建筑形态、装修风格、色彩搭配等方面精心设计，从而巧妙地体现出酒店的品牌特色。（图1-22至图1-25）

图1-22 酒店外景

图 1-23 室外用餐环境让客人在用餐时感受自然的清新与宁静

2. 创造独特的氛围

酒店设计可以通过色彩、照明、音乐等元素来创造独特的氛围。例如，酒店可以在大堂、餐厅、客房等区域设置不同的色彩、照明、音乐等元素，打造出独特的氛围，让客人感受到品牌的独特性。（图 1-26、图 1-27）

3. 强调品牌的理念

酒店设计可以通过建筑、装修、服务等方面来强调品牌的理念。例如，酒店可以在建筑外立面、大堂、客房等区域设置品牌的标志等元素，让客人了解酒店的理念和文化，并与品牌产生共鸣。

4. 建立品牌的形象

酒店设计可以通过建筑、装修、服务等方面来建立品牌的形象。例如，酒店可以在设施、装修、服务等方面表现出品牌的高品质形象，使客人对品牌产生好感和信任。（图 1-28）

二、增加房间出租率

酒店设计可以优化房间布局，提升装修品质，使酒店房间更吸引客人，从而增加房间出租率和收益。酒店设计可以通过以下几个方面增加房间出租率。

1. 客房设计

客房是酒店客人的主要停留场所，因此舒适的客房设计非常重要。酒店可以通过提供舒适的床品、卫浴用品等细节设计，以及空调、加湿器、加热器等设备，创造出一个舒适的睡眠环境。

酒店还可以通过优化房型设计来增加房间出租率。例如，可以设计出不同的房型，以满足不同客人的需

图 1-24 柱子以竖立的条状结构相拼凑，交错有致，赋予空间节奏感与韵律感

图 1-25 酒店客房与周围景观巧妙融合，为宾客带来独特的入住体验

图1-26 深色的台面与白色的窗帘形成鲜明对比

图1-28 酒店外墙采用乳白色和灰色相结合的设计，并运用交错的线条和凹凸有致的构造，赋予外墙丰富的层次感

求，包括单人房、双人房、豪华房等。此外，房间的装修、家具、设施等也需要与房型相匹配，以提升房间的价值和吸引力。

2. 客房智能化设计

酒店可以通过智能化设计提升客人的住宿体验。例如，酒店可以安装智能控制系统，让客人通过智能手机或遥控器调节与控制房间的温度、灯光、窗帘等设备，为客人带来更加便捷与舒适的住宿体验。

3. 公共区域设计

酒店的公共区域如大堂、餐厅、休息区等，应设计得舒适、宽敞、明亮、开放。同时，酒店可以在公共区域巧妙地设置音乐、艺术品、花卉等元素，创造出一个充满活力和温馨的环境。（图1-29、图1-30）

4. 人性化服务设计

酒店可以通过人性化服务设计提升客人的体验。例如，酒店可以提供24小时客房服务，让客人随时享受到酒店的服务；在接待处设置充电站、休息区等，让客人在等待过程中感受到贴心的服务。

图1-27 酒店大堂采用了简洁对称的线条和黑白对比色

三、提高酒店的竞争力

酒店设计是提高酒店竞争力的重要手段，其质量与水平直接影响着酒店的竞争力。酒店可以通过提供优质的客户体验、创造独特的品牌形象，以及采用智能化设计、环保设计和社交化设计来提高酒店的知名度和市场占有率。

1. 优质的客户体验

酒店需要提供优质的客户体验，包括服务、设施、餐饮、文化等方面。酒店应根据客人和市场的需求，设计出符合客人喜好和期望的服务与设施，从而提高客人的满意度和忠诚度。

2. 独特的品牌形象

酒店需要创造独特的品牌形象，以突出自己的品牌特色。酒店可以通过建筑、装修、景观等方面来体现品牌的独特性，提高品牌的知名度和价值。（图1-31、图1-32）

3. 智能化设计

酒店需要采用智能化设计，提供智能化设施和服务，满足客人的个性化需求。例如，安装智能控制系统、智能客房设备等，为客人提供更便捷、更舒适的住宿体验。

4. 环保设计

酒店需要采用环保设计，注重环保和可持续发展。例如，采用节能减排技术，优先使用环保材料、节水设备等，减少对环境的影响。

5. 社交化设计

酒店需要采用社交化设计，打造具有社交性的公共区域和服务，满足客人的社交需求。例如，提供共享工作区、社交酒吧、主题活动等，让客人能够在酒店内与他人建立联系。（图1-33、图1-34）

图1-29 酒店公共空间

图 1-30 明亮、清新的休息区为客人营造出舒适、宁静的氛围

图 1-31 造型独特的吊灯为会议空间增添了独特的艺术氛围

图 1-32 浅灰色的墙面为空间营造出舒适而温馨的氛围，同时也为画作提供了恰到好处的背景

图 1-33 灯光的运用进一步增强了酒店公共空间的氛围　图 1-34 艺术装置通过其独特的形状和设计风格为酒店公共空间增添了艺术氛围

第三节　酒店设计与客户体验的关系

　　酒店设计和客户体验是紧密相关的。酒店设计不仅仅是外观设计和内部装修，还包括了酒店的布局、空间设计、灯光设计和声音设置等。这些因素都会直接或间接地影响客户在酒店的体验。一个成功的酒店设计可以为客户提供更好的住宿体验，让客户感到更加舒适和愉悦。

一、设计的实用性

　　设计的实用性是指设计应满足使用者的实际需求和使用习惯，提供舒适、方便、安全、私密的环境和设施，以提高使用者的使用体验。酒店设计的实用性对客户的入住体验至关重要。酒店应合理布局房间，提供充足的储物空间和工作空间，配备高品质的床品、卫浴设施、智能控制系统等，保持房间和公共区域的清洁与卫生，采取有效的安全措施，制订符合客户和市场需求的服务标准和服务流程，提供高品质的服务。这些措施可以提高客户的入住体验，增强客户的满意度和忠诚度，提高酒店的竞争力和市场占有率。

二、设计的美观性

设计的美观性是指设计应注重视觉效果，提供美观、精致、舒适的环境和设施，让使用者在使用过程中享受美好的视觉和感官体验。酒店设计的美感对于客户的入住体验和酒店形象的塑造都非常重要。酒店可以从色彩搭配、照明设计、室内装饰、材料选择和空间布局等方面进行综合考虑和精心设计，以提升其美感，让客户在使用过程中享受高品质的服务和体验。（图1-35）

三、设计的创新性

设计的创新性是指设计应具有独特的创新思维和创意，提供新颖、独特、前卫的环境和设施，以满足用户对于创新和个性化的需求。酒店设计可以借鉴其他行业的创新设计思路和经验，将其应用到酒店设计中，引入新的技术手段，并注重艺术元素的应用，提供独特、新颖的用户体验。

四、设计的文化性

设计的文化性是指设计应注重文化内涵和特色，提供具有地域、历史文化等特色的环境和设施，以满足用户对于文化体验和认同感的需求。通过融入当地文化元素、引入艺术元素、建立品牌文化、设计主题房间、提供文化活动等措施，可以增强酒店的品牌价值和文化影响力，提高酒店的差异化竞争优势。同时，设计的文化性也需要考虑实用性和功能性，提供符合客户需求的设施和服务。

五、设计的智能化

设计的智能化是通过运用新的技术手段和设备，使设计更加智能化、自动化，提高人机交互的效率和用户体验。酒店设计的智能化可以提高酒店的运营效率和客户服务质量，增强酒店的差异化竞争优势。酒店可以运用物联网技术、自动化设备、智能客房、大数据技术、虚拟现实和增强现实技术等手段，提高客户服务质量和运营效率，实现酒店的智能化发展。同时，设计的智能化也需要注重实用性和用户体验，提供符合客户需求的智能化设施和服务。

图1-35 地毯、木地板和深色木制墙面相互交织，营造出温馨而富有质感的空间氛围

第四节　酒店设计师的角色与职责

酒店设计师是一个需要具备多方面综合能力的职业，为酒店提供专业的室内设计、景观设计等服务。他们不仅需要具备扎实的设计基础和技术知识、创新思维以及规划和审美能力等，还需要具备良好的沟通和团队协作能力。酒店设计师需要与客户和承包商进行沟通，制订详细的项目计划，监督设计方案的实施过程，并不断更新设计知识和技能，为酒店提供最新的设计方案和服务。

一、研究市场需求

研究市场需求是酒店设计师非常重要的职责之一。为了确保设计方案符合客户需求和市场趋势，酒店设计师可以通过市场调查、分析竞争对手的服务方案和设计方案、听取客户的意见和建议、研究地域文化，以及关注行业的最新趋势和标准等方法，了解市场需求的变化和趋势，制订出更符合市场需求的设计方案，实现酒店的差异化竞争优势。

二、制订设计方案

设计方案的制订是酒店设计师的核心职责之一。他们需要根据客户需求和市场趋势，制订符合要求和预算的设计方案。这个过程一般需要经历多个步骤，包括确定设计目标、进行设计分析、制订设计方案与施工图纸以及定期方案评估等。

三、确定预算和时间进度

确定预算和时间进度是酒店设计师的一个重要职责。他们需要在设计前与客户和承包商进行沟通，确定预算和时间进度的限制，根据项目范围、估算成本、时间进度制订符合要求和预算的项目计划，控制开支，并监督项目进度，以确保工程的顺利实施。

四、酒店内部装修和家具的设计

酒店内部装修和家具的设计是酒店设计师的一个重要任务，它们在提高酒店舒适度和吸引力方面发挥着至关重要的作用。酒店设计师需要根据酒店的风格制订相应的装修和家具设计方案，同时考虑空间布局和功能划分，以便根据不同空间的用途和需求进行设计。此外，他们还需要考虑色彩搭配、材料选择、客户需求和可持续性设计等因素。

五、酒店施工和监督的管理

酒店施工和监督的管理是酒店设计师的一个重要职责。他们需要制订符合要求和预算的施工计划，并监督施工进度、质量和安全。为了确保酒店工程的顺利实施和质量安全，酒店设计师要确保工程的实施符合当地法规和标准以及工程变更等方面的管理。

第五节　中外部分著名酒店介绍

一、上海外滩华尔道夫酒店

华尔道夫是希尔顿集团旗下的奢华酒店品牌，属于超五星酒店。上海外滩华尔道夫酒店位于中国上海市黄浦区外滩，是中国首家华尔道夫酒店。酒店建筑是一座历史建筑，是上海市优秀历史建筑之一。经过数年的重建和装修，于2010年重新开业。在保留原有建筑的同时，酒店内部设计融合了中西方文化元素，展现了华尔道夫酒店独特的奢华和精致。上海外滩华尔道夫酒店拥有260间客房和套房，每一间客房或套房都配备了豪华设施和先进的科技设备，为客人提供舒适和便利的住宿体验。酒店还设有多个餐厅和酒吧，提供中西式美食和饮品，为客人带来独特的味觉享受。（图1-36至图1-38）

除了豪华的住宿和用餐体验，上海外滩华尔道夫酒店还提供了多种文化活动和体验，包括中西式美食烹饪课程、茶艺表演和音乐会等，为客人带来全方位的文化体验。上海外滩华尔道夫酒店以其独特的历史和文化背景、豪华的住宿和用餐体验以及丰富的文化活动和体验，成为上海市的一个文化地标和奢华住宿的首选之地。

二、香港丽思卡尔顿酒店

香港丽思卡尔顿酒店位于香港的中心区域，俯瞰着维多利亚港和香港岛的天际线，是一家豪华酒店。该酒店拥有312间客房和套房，每一间客房或套房都配备了豪华设施和现代科技设备，如iPod音乐系统、平板电视、高速无线网络等。酒店内部的餐厅和酒吧提供多种美食和饮品，如米其林二星餐厅Tin Lung Heen、意大利餐厅Ozone等，能够满足客人各种口味的需求。香港丽思卡尔顿酒店还提供各种豪华设施和服务，如高端SPA中心、健身房、游泳池、会议室、宴会厅等。酒店的服务也是其标志性的特点之一，以细致周到、礼貌得体、服务热情而闻名于世。（图1-39）

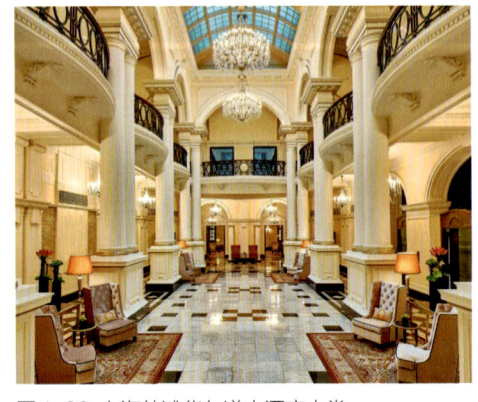

图1-36　上海外滩华尔道夫酒店大堂 　　　　图1-37　上海外滩华尔道夫酒店客房

图1-38 上海外滩华尔道夫酒店餐厅

图1-39 香港丽思卡尔顿酒店餐厅

此外,香港丽思卡尔顿酒店还拥有独特的设施,如天际游泳池、空中露台等。这些特色设施使得香港丽思卡尔顿酒店成为香港的标志性建筑和旅游景点。香港丽思卡尔顿酒店以其壮观的视野、豪华的住宿和高品质的用餐体验,以及丰富的设施和细致周到的服务,成为香港的一个文化地标和奢华住宿的首选之地。

三、巴黎丽兹酒店

巴黎丽兹酒店位于法国巴黎旺多姆广场北侧,是一家历史悠久、豪华的酒店,建于1898年,被誉为世界最著名的酒店之一,也是巴黎的一个标志性建筑。

巴黎丽兹酒店拥有159间客房和套房,每一间客房或套房都配备了豪华设施和现代科技设备,如平板电视、高速无线网络等。酒店内部的餐厅和酒吧提供多种美食和饮品,如米其林一星餐厅L'Espadon、传统英式下午茶餐厅Salon Proust等,能够满足客人各种口味的需求。巴黎丽兹酒店还提供各种豪华设施和服务,如高端SPA中心、健身房、游泳池、会议室、宴会厅等。此外,巴黎丽兹酒店还有一些著名的套房,如著名的"海明威套房"和"普丽芙娜公主套房",这些特色套房使得巴黎丽兹酒店成为巴黎奢华住宿的首选之地。(图1-40)

图1-40 巴黎丽兹酒店客房

四、伦敦朗廷酒店

伦敦朗廷酒店位于英国伦敦市中心的 Regent Street，是一家历史悠久、豪华的酒店，建于 1865 年，是伦敦最古老的酒店之一，也是伦敦的一个标志性建筑。伦敦朗廷酒店拥有 380 间客房和套房，每一间客房或套房都配备了豪华设施和现代科技设备，如平板电视、高速无线网络等。伦敦朗廷酒店还提供各种豪华设施和服务，如高档餐厅和酒吧、高端 SPA 中心、健身房、游泳池、会议室、宴会厅等。（图 1-41、图 1-42）

此外，伦敦朗廷酒店还有一些著名的套房，如著名的"亨廷顿套房"和"莫扎特套房"，这些特色套房使得伦敦朗廷酒店成为伦敦奢华住宿的首选之地。

图 1-41 伦敦朗廷酒店餐厅

图 1-42 伦敦朗廷酒店酒吧

实训练习

1. 实训内容

完成一份调查报告："现代酒店的风格和发展趋势"。

2. 实训要求

（1）要有自己的看法和见解。

（2）字数不少于 2000 字，图文并茂，打印在 A4 纸上。

第二章

酒店设计流程

第一节　酒店设计的目标与需求分析

第二节　酒店设计的前期准备

第三节　制订设计方案

第四节　完善设计方案

第五节　施工与验收

> 教学目标

  1. 明确设计核心目标：功能性、美学性和经济性，形成清晰认知，为设计提供明确方向。
  2. 掌握前期准备的要点并制订设计方案：培养学生场地调研和资源调查的能力，确保设计方案与实际条件相契合。
  3. 完善设计方案：能够灵活调整设计方案，提高设计方案的可行性，注重设计的实际运营要求。

> 教学重难点

重点：
  1. 理解酒店设计的核心目标：功能性、美观性、经济性，力求实现实际运营需求、设计的艺术性和审美价值、在预算范围内达成设计目标。
  2. 综合分析客户需求：全面考虑客户对服务、空间布局、风格偏好等多方面的需求，确保设计满足客户期望。

难点：
  1. 协调设计要素：综合考虑功能性、美观性和经济性要素，确保设计在实用性和美观性之间达到平衡，同时符合经济实际。
  2. 深度分析能力：培养学生具备深度分析客户需求和市场趋势的能力，确保设计在长期内具备竞争力。

  酒店设计流程是一个动态的过程，需要根据不同项目的需求和预算进行调整和变化。酒店设计师必须具备广泛的专业知识及丰富的创造力和实践经验，以确保酒店设计方案能够成功实施并令客户满意。这一章将介绍酒店设计各个阶段的流程，以及在每个阶段的关键任务和要考虑的因素。通过明确的目标和需求分析、充分的前期准备以及富有创意和细致完善的设计方案，为客户打造出独特、实用且符合预算的酒店空间。

第一节　酒店设计的目标与需求分析

酒店设计的首要任务是明确项目的目标和满足客户的需求。本节将探讨酒店设计的目标和需求分析过程，包括确定设计的主要目标、客户的期望以及项目的具体需求。通过明确目标和深入分析客户需求，为项目的成功奠定坚实的基础，确保设计方案能够满足客户的期望并达到预期的效果。（图2-1、图2-2）

一、确定设计的目标

1. 酒店类型

酒店设计师首先需要确定酒店的类型，例如精品酒店、度假酒店、商务酒店等。酒店类型确定后，还需要考虑酒店的规模和容量、地理位置、市场定位和目标市场、竞争分析。

（1）规模和容量

明确酒店规模，包括客房、餐厅、会议室等空间的容量，以满足目标客户群的需求。

（2）地理位置

选择合适的地理位置，可以考虑市中心、度假胜地、商业区等不同的位置，以便吸引目标客户群。

（3）市场定位和目标市场

细化酒店目标客户群体，包括他们的年龄、收入水平、兴趣爱好等。同时，还需要确定酒店在市场上的定位，例如是否追求高端市场、提供特殊主题体验等。

图2-1 酒店室外的水景与绿植营造出宁静的环境，白色的外墙面为整体增添了明亮通透的美感和清新感

图2-2 充足的光线增强了公共区域空间的明亮度和开放感

（4）竞争分析

分析目标市场上的竞争对手，了解其优势和不足，以制订差异化策略。

2. 客户定位

（1）客户特征

针对目标客户群体，酒店设计师应详尽记录其特征，如年龄、性别、职业类别以及家庭状况等信息。这样的详细记录有助于设计师更精确地把握他们的实际需求，从而能够为他们提供量身定制的个性化服务。

（2）竞争分析

通过竞争分析，设计师可以识别酒店的竞争优势并制订相应的策略，以吸引更多客户。

（3）市场细分

如果目标客户群体非常广泛，酒店设计师可以考虑将市场进一步细分，以满足不同子群体的需求。

3. 设计风格与主题

酒店设计师在着手设计之初，须确立酒店的整体设计风格与主题。设计师可以从以下几个方面进行考虑。

（1）文化和地域考虑

深入了解酒店所在地区的历史文化和地域特点，将这些元素融入设计中，以创造独特的文化体验，从而吸引客户并提升他们的感知。

（2）目标客户群体

了解酒店的目标客户群体，包括年龄、收入水平、兴趣爱好等。这有助于确定适合他们口味和需求的设计风格和主题，以提高客户满意度。

（3）竞争市场分析

了解竞争市场中其他酒店的设计风格和主题。设计师需要思考如何通过设计的独特性在市场竞争中脱颖而出，提高市场占有率，吸引更多客户选择入住。

（4）材料和装饰选择

选择与设计风格和主题相符的材料、颜色和装饰元素。这些元素应与整体设计风格一致，创造一种统一的视觉效果，使客户感受到一种连贯性和和谐感。（图2-3至图2-7）

（5）品牌形象

如果酒店属于一个特定的酒店品牌，设计师须确保设计风格和主题与品牌形象相符，使之保持一致性，以增强品牌价值和提升客户忠诚度。（图2-8）

（6）艺术元素

酒店设计中引入艺术元素，如艺术品、雕塑等，可以使空间充满艺术气息和文化底蕴，为客人营造出高雅、

图2-3 大理石地面为酒店增添豪华感与空间深度

图2-4 灰色大理石地面与红色的装饰构件相得益彰，为公共区域空间营造出一种现代而富有活力的氛围

图2-5 简洁的吊灯为酒店餐厅空间增添了一抹现代感

独特的艺术氛围。（图2-9）

二、需求收集与分析

1. 客户需求

（1）客户偏好和期望

酒店设计师需要深入了解不同客户群体的偏好和期

图 2-6 暖黄色的灯带和吊灯为整体增添了一抹温暖的光线，为空间注入了愉悦的氛围

图 2-7 灰色的地毯与玻璃镜面相互映衬，为客房营造了现代而干净的氛围

望，通过市场调研、问卷调查、客户反馈等方式来获取这些信息。例如，商务旅客可能更注重高效的工作环境，休闲度假旅客可能更关心休息和娱乐设施，家庭游客可能需要适合家庭的房型和儿童友好设施。酒店设计师需要根据这些差异性来调整设计方案，以满足不同客户群体的需求。

（2）客户体验设计

客户体验是酒店设计中的关键要素。设计师要以客户为中心，通过客房布局、设施、服务流程等设计提升客户在酒店中的整体体验。例如，为客户提供个性化的客房布置选项等设计和服务，以增加客户满意度，确保他们在酒店内有愉快和难忘的体验。

2. 业主或投资者需求

了解业主或投资者对酒店的要求，如投资回报率（ROI）、品牌要求等，是酒店设计师在项目初期的重要任务之一。

（1）投资回报率目标

酒店设计师在规划酒店项目时，深入了解业主或投资者对酒店的期望投资回报率是至关重要的。投资回报率作为衡量企业盈利状况和经营效果的重要指标，直接反映了酒店项目的经济效益和可行性。因此，设计师需要在设计阶段就充分考虑如何提升酒店的 ROI，确保项目的成功实施和长期盈利。

（2）项目预算

明确业主或投资者为酒店设计和项目建设提供的预算也是至关重要的。这个预算将在整个设计和建设过程中起到关键作用，确保项目在预算内完成。酒店设计师需要在项目建设初期就了解和遵循预算限制，避免出现超支情况。

（3）酒店品牌和定位

如果业主或投资者已经确定了酒店的品牌和定位，酒店设计师则需要详细了解这些信息，以确保设计与品牌定位和目标市场一致。不同品牌和定位对酒店的外观、内部装修、服务水平等方面有不同的要求，设计师需要将这些因素考虑在内。

（4）酒店运营方式

了解业主或投资者运营酒店的方式是非常重要的。酒店的运营模式无论是自营，还是托管给管理公司或采取其他合作模式，都会对酒店的设计和服务设施选择产生影响。例如，自营酒店可能更侧重于内部管理设施的完善，而托管给管理公司的酒店可能更加注重外部服务合作。

（5）业主或投资者的特殊要求

一些业主或投资者可能有特殊的要求或期望，例如可持续性设计、文化特色、投资期限等。这些要求需要在设计中得到充分考虑，以满足他们的需求并达到共同的目标。

3. 市场调研

酒店设计过程中进行市场调研至关重要，可以确保设计与市场需求和竞争环境相匹配。

（1）市场定位和需求

明确酒店目标市场的特点和定位是设计师制订设计方案的基础。通过深入了解目标市场的特征、需求和趋

图 2-8 酒店外立面的白墙与黑褐门柱形成鲜明对比，营造现代典雅氛围

图 2-9 中国画元素的装饰为空间增添了一抹文化与艺术气息

势，设计师可以制订出更为精准、实用和符合市场需求的设计方案，从而提升酒店的竞争力和市场占有率。例如，对于商务客户这一细分市场，酒店的设计应强调高效、专业和便捷；对于休闲游客这一细分市场，酒店的设计应注重舒适、放松和体验；对于会议和活动市场，酒店的设计则应体现出专业性和灵活性。随着旅游业的持续增长和市场份额的不断变化，设计师需要密切关注市场动态，以便及时调整设计方案，以满足客户的需求。

（2）市场规模和竞争分析

对同类酒店和竞争对手进行详细分析非常重要，包括对他们的位置、定价策略、服务特点以及市场份额的分析等。对于设计师而言，深入了解市场的规模和增长潜力至关重要。酒店设计师可以根据竞争对手的优势和不足制订差异化的设计策略，为酒店创造出更具市场竞争力的设计方案，确保设计的酒店能够在目标市场中获得足够的份额。

（3）市场调研报告

深入的市场调研、详细的市场分析能够为酒店设计提供参考依据。设计师可以与市场调研团队紧密合作，确保设计符合市场需求。

4. 环境和地域特点

酒店设计应考虑酒店所处地域的气候、文化和自然环境，融入当地特色元素。

（1）自然环境和文化背景

详细了解酒店所在地区的自然特征，包括气候、地理地形、植被等，这些因素将直接影响酒店的建筑风格、材料选择和景观设计。充分利用自然资源的同时，还应了解当地的历史文化，包括传统习俗、宗教信仰、当地特色等，将这些元素融入酒店设计中，在吸引客户的同时也尊重了当地文化，可以体现在建筑风格、装饰元素、艺术品和文化活动等方面。

（2）社会环境和当地资源

深入分析酒店所在地区的社会环境以及可利用资源，对于酒店设计师和运营者而言至关重要。这需要对当地建筑材料、人力资源以及特色食材等资源进行详尽的调研与了解，以便在设计和运营过程中实现资源的优化配置，有效降低成本，同时促进当地经济的发展。

（3）交通和便捷性

在对酒店所在地区的交通状况进行深入分析时，酒店设计师应关注该区域的交通枢纽布局、道路网络以及公共交通设施等要素。同时，还需着重考虑客户在交通方面的便捷性，以及他们入住酒店的便利性。

三、制订设计准则

1. 品质标准与酒店设计师的考虑

（1）材料选择和设施可维护性

明确使用的建筑材料和装饰材料的标准和质量要求，考虑酒店的运营情况，制订设计准则，使材料和设施易于维护和管理。酒店设计师需要与施工团队、供应商以及酒店运营方密切合作，共同制订这些标准，确保设施的可维护性。

（2）装修质量

为确保装修工程的质量达到既定标准，酒店设计师应明确规定施工过程中所需遵循的细节和工艺标准。对于酒店设计师而言，应关注每一个环节，注重装饰效果的呈现以及施工工艺的要求。（图 2-10、图 2-11）

（3）环保要求

明确在酒店设计和建设中要遵循的环保标准和做法，包括节能减排、水资源管理和废物处理等方面的要求，可通过酒店设计师的专业知识来实现设计的可持续性。

（4）舒适性和卫生标准

酒店设计师需要关注客户的舒适体验，确保酒店的客房、公共区域和设施达到舒适和卫生的标准，包括空气质量、卫生间设施、床品和家具等方面。

（5）设计一致性

确保整个酒店项目在设计风格、主题和标识等方面保持一致性，以提升客户体验，塑造品牌形象。这要求酒店设计师在设计时遵循一致性原则。（图2-12）

2. 安全标准

酒店设计师需要确保酒店的设计在安全性方面符合要求，包括建筑安全和消防标准，从而创造一个安全且令客人放心的环境。设计师在酒店设计过程中，需从酒店内部与外部两个维度全面考虑安全性问题。

（1）内部安全考虑

设计师在规划酒店内部安全设计时应严格遵守相关的建筑法规和标准，从地板材料选择、紧急疏散通道规划、消防设备配置到安全出口设计等方面进行全面考虑。通过科学合理的设计和施工，可以确保酒店的安全性能达到要求，为客人提供一个安全、舒适的住宿环境。

（2）外部安全考虑

设计师在酒店设计过程中，除了关注酒店内部的安全性问题外，还需深入考虑其周围环境的安全性，包括了解周边地区的治安情况和交通便捷性等。通过了解这些关键信息，设计师能够更准确地识别潜在的安全隐患，还可以与安全专家合作，提前采取相应措施加以预防，以提高酒店的整体安全性，从而提高客人的安全感。

3. 工程进度

制订工程进度表是确保设计、施工和竣工都按计划进行的关键步骤。

（1）制订详细的时间表

设计师可以与项目团队合作，制订详细的项目时间表，明确每个阶段的起始和结束日期，以及关键的里程碑事件节点。这有助于确保项目按计划进行，避免延误。

（2）工程分阶段

酒店设计通常分为不同的阶段，如概念设计、设计开发、施工图设计、施工和竣工。每个阶段都有不同的任务和目标，设计师在每个阶段都应明确设计和建设的目标，确保项目有序进展。

（3）时间控制

设计师可以将时间控制的要求纳入设计准则中，明确每个阶段的截止日期。这有助于团队成员清楚时间的要求，以提高项目的执行效率。

（4）监督和沟通

设计师与项目监督团队可以建立紧密的合作关系，共同确保工程进度得到有效监督，及时识别和解决延误等问题，从而确保项目顺利推进。

4. 可持续性要求

酒店设计需要符合可持续性设计标准，并制订相应的准则，如优先使用环保材料、节能设计等。

（1）环保材料选择

设计师应优先选择环保材料，如可再生材料、低

图2-10 灰色地面与落地窗相得益彰，营造出明亮而开放的室内空间

图2-11 白色的墙面与黑色的电梯外立面形成了强烈的对比

图2-12 绿植和草坪为整个场景增添了自然与宁静的氛围

VOC（挥发性有机化合物）材料等，以减少对环境的负面影响。

（2）节能设计

酒店设计应充分考虑采取节能措施，如安装高效的采光和通风系统，选用能源利用率高的照明设备，以及配置太阳能热水器等环保设施，以减少能源消耗。

（3）水资源管理

酒店设计应考虑水资源的有效管理，包括采用节水设备、雨水收集系统等，以减少水资源浪费。

（4）废物管理

设计师在酒店设计中应充分考虑废物的管理及其回收方案，以减少废物的产生，并确保废物的正确处理和回收。

第二节　酒店设计的前期准备

在着手酒店设计项目之前，充分的前期准备工作至关重要。这一节将深入探讨酒店设计前期准备的关键步骤，包括酒店设计计划与准备、实地勘察与分析，以及设计概念与创意构想。通过这些关键步骤的执行，酒店设计团队能够建立坚实的基础，确保项目顺利推进，并实现客户的期望和需求。（图2-13、图2-14）

一、酒店设计计划与准备

酒店设计的计划与准备阶段是整个设计工作的基础，围绕酒店经营和服务需求，在总体策划定位的框架下，明确设计目的、任务，制订项目计划书，获取必要的设计资料和文件，为设计工作的顺利展开提供坚实的基础。

1. 明确设计目的和任务

在酒店设计的初期阶段，首要任务是明确设计的目的和任务。这一步是整个设计过程的基石，因为只有明确知道要解决什么问题，才能有针对性地展开设计工作。这不仅有助于理解项目的需求，还为后续的设计决策提供了方向和依据。

在酒店设计的过程中，设计师应从不同的角度进行审视，包括功能要求、审美要求、可持续性要求等多个方面。例如，需要考虑酒店的定位是高端豪华还是经济实惠？设计是为了吸引休闲度假的旅客还是商务旅客？酒店需要符合哪些特定的环保标准？这些问题的答案将有助于建立明确的设计目标。

制订的设计目标应该具体、可衡量，并考虑到项目的整体愿景。例如，如果酒店的目标市场是高端商务客户，设计时可以考虑提供高品质的客房和会议设施，以及提供个性化的服务体验等。这些目标将为设计团队提供一个明确的方向，以确保设计能够满足客户的需求并实现商业目标。

图 2-13 酒店餐饮空间

图 2-14 酒店室内水景

2. 制订与安排项目计划

在酒店设计的前期准备阶段，需要编制详细的项目计划书。这一计划书将帮助设计团队明晰整个设计过程，确保工作有序展开，并按时交付高质量的设计方案。

项目计划书包括了从项目启动到完成的工作内容、时间表和责任分配。设计师需要对已知的任务进行深入的分析，了解项目的性质、需求和限制之后，再将这些信息转化为一个全面的工作计划，并将项目划分为不同的阶段和任务，明确每个任务的时间要求和执行责任。计划书的制订有助于确保项目的顺利推进，避免延误和混乱。它不仅提供了项目的整体框架，还帮助团队成员理解自己的角色和任务。

3. 项目资料与环境分析

在酒店设计的前期准备阶段，获取充分的项目资料和进行综合环境分析至关重要。这些信息将为设计工作的开展提供必要的参考和指导，确保设计方案能够充分考虑项目的性质和周边的环境。首先，设计团队需要收集有关项目的基本资料，包括项目性质、规模、预算、时间要求等方面的信息。此外，他们还需要获取相关的建筑平面图和立面图，以深入了解项目的结构和布局。

其次，设计师还需对环境进行综合分析与研究，包括项目所处的地理位置、气候条件、交通情况、文化特色等因素。这些信息将有助于他们更好地理解项目所面临的挑战和机会。此外，还需要考虑周边环境对设计的影响，包括所在地的风景特色、可利用的自然资源以及社区的实际需求等因素。

项目资料和环境分析为设计团队提供了宝贵的背景信息和设计灵感，帮助他们制订符合项目特点和环境特色的设计方案，为客户提供最佳的酒店设计解决方案。

二、实地勘察与分析

在酒店设计的前期准备阶段，实地勘察与综合分析是至关重要的环节。这一阶段旨在全面了解项目的实际情况，为设计提供必要的基础信息和参考数据。

1. 场地考察与分析

对酒店建设场地进行仔细的考察和分析，包括场地的地理特点、地形地貌、土壤条件等，以及影响周边环境的因素，如交通、景观、社区规划等。这些信息有助于明确设计的可行性和局限性。

2. 现有设施评估

对已有建筑和设施进行评估，包括建筑的结构和状态，以及现有设备和基础设施的性能和维护情况等。评估有助于确定现有结构和设施是否需要维修、升级或拆除。

3. 市场分析

对市场进行分析，了解目标市场需求和竞争环境，包括目标客户群体的特征、竞争对手的定位和优势，以及市场趋势的预测等。市场分析有助于确定酒店的定位和特色。

三、设计概念与创意构想

酒店设计的成功离不开独特的设计概念与创意构

想。在这个阶段,设计团队需要确定酒店的整体设计理念,并根据这一理念制订既富有创意又贴合实际的设计方案。

1. 设计理念的确定

设计团队首先需要明确酒店的整体设计理念。这一理念应基于酒店的品牌定位、目标客户群体、地域特色等因素来确定。例如,如果酒店定位为奢华度假酒店,其设计理念应围绕豪华、舒适和休闲展开。如果酒店位于历史悠久的城市,设计理念可以强调其历史文化和传统特色。

2. 创意构想的提炼

设计团队需要将设计理念转化为具体的创意构想,包括对客房、公共区域、餐厅、娱乐设施等各个方面的设计想法。创意构想应考虑到客户需求以及功能性、美观性和创新性。例如,在奢华度假酒店的创意构想中,可以包括高档家具、精美装饰、度假主题的相关设计元素等。

3. 材料与装饰的选择

选择适合设计概念的建筑材料和装饰元素至关重要。材料和装饰应与设计理念一致,同时还要考虑质量、可持续性和美观性。例如,如果酒店的设计理念强调自然与环保,可以选择可再生材料和自然色调的装饰。(图2-15至图2-17)

图2-15 暖色调的就餐环境,舒适宜人的用餐氛围

图 2-16 通透的落地玻璃窗为酒店室内引入了充足的自然光线

4. 创新与技术的应用

酒店设计应考虑创新和技术的应用。智能家居系统、虚拟现实体验等现代技术不仅提升了酒店的科技含量，更为客户带来了前所未有的便捷和乐趣。设计团队应将这些创新元素和现代技术融入设计中，以提升酒店的吸引力。

5. 预算与可行性

在设计概念与创意构想阶段，设计团队必须牢记预算限制和项目实施的可行性。设计概念和创意构想不仅要独具匠心，更要紧密结合预算实际，以确保设计方案的经济可行性。

6. 客户反馈与调整

客户的意见和期望是设计的重要参考依据，因此酒店设计师需要与客户保持密切联系，根据客户的意见反馈对设计方案进行必要的调整和改进。

图 2-17 环形的落地玻璃窗营造出通透明亮的视野，将室内与室外景色融为一体；艺术吊灯则营造出独特的艺术氛围

第三节　制订设计方案

本节将深入探讨酒店设计方案的制订过程，包括概念规划、空间规划和布局设计、方案设计、材料选择和配套设计。通过这些关键的步骤，酒店设计团队能够将创意和理念转化为实际的设计方案，确保酒店的内外环境符合客户的期望和需求。

一、概念规划阶段

在概念设计的初级阶段，家居、美食、时装、艺术品、书籍文字及图片资料等，都可以成为设计师创意灵感的来源。注意尽量少看其他酒店设计的书籍，避免设计的重复。设计师可以根据酒店定位的具体要求，整理所掌握的各种资料，对大量信息资料进行分析后完成方案的创意草图或模型设计，并结合酒店设计理念和主题风格，利用创意草图或模型进一步细化设计构思，明确酒店平面布局、流线规划、空间分区和功能区域分割等。通过不断地推敲、调整方案，直到初步把酒店的风格、定位等内容确定下来。此阶段设计师应提供的服务包括以下几个方面。

（1）审查并了解业主的项目计划内容，与业主沟通，在设计上与业主达成一致。

（2）制订符合项目需求的时间计划和经费预算。

（3）定等级、定类型，并针对酒店项目提出象征性图例。

（4）与业主进行充分讨论，对设计中有关施工的各种可行性方案达成共识。

二、空间规划和布局设计

1. 功能分区和流程规划

酒店设计师需要精确划分不同功能区域，如酒店前厅、客房、餐厅、会议室等，并明确每个区域的主要功能和运营流程。这有助于确保酒店各部分有序运营，以提高工作效率，同时满足客户的需求。

2. 空间需求分析

酒店设计师应仔细分析每个功能区域空间的需求，包括面积、高度、通风和采光等要素。这些需求将根据酒店的类型和规模进行精确定义，以确保每个区域都能够充分发挥其功能。

3. 客房布局

客房是酒店的核心，包括标准客房、豪华客房、套房等。酒店设计师应精心考虑客房内床位的摆放、家具的选择和卫生间的布局，以提供舒适和便利的客房体验。

4. 公共区域设计

入口门厅、大堂、餐厅、会议室等公共区域的设计，需要吸引客人的眼球并提供愉悦的环境。酒店设计师应综合考虑座位布局、装饰风格、家具选择等诸多设计元素，确保它们与整体设计理念协调一致。（图2-18）

5. 无障碍设计

无障碍设计是酒店设计中不可或缺的一部分。酒店设计师应致力于将无障碍理念融入设计的每一个环节，为不同人群提供便捷、舒适的入住环境，彰显酒店的人文关怀和社会责任。

图 2-18 艺术墙面与独特吊灯的结合，营造出充满艺术氛围的空间

6. 安全和紧急疏散

安全是酒店设计的首要考虑因素。酒店设计师应充分考虑安全措施和紧急疏散计划，如火警报警系统、紧急出口标识等，以确保客人和员工在紧急情况下能够安全撤离。

7. 室内设计和装饰

尽管室内设计和装饰通常在后期阶段才会详细地讨论，但在空间规划前期中，酒店设计师应提前考虑室内设计和装饰元素，以确保整体设计的一致性和流畅性。

三、方案设计阶段

在业主对初步设计表示认同后，设计师便进入了更为深入的方案设计阶段。方案设计应以设计任务的相关要求为依据，以空间、造型、材料及色彩表现为手段，形成较为具体的内容，包括平面布置图、立面图、剖面图以及各功能区的效果图和设计说明等，向业主传达设计意图。其中要有一定的细部表现设计，能明确地表现出技术上的可能性、经济上的合理性、审美形式上的完整性。在这个阶段设计师要与各种工程师进行协调，共同探讨方案设计的协调性和可行性。这一阶段的设计文件包括以下几种。

（1）平面布置图，常用的比例为 1:100、1:200、1:500。

（2）天棚布置图，常用的比例为 1:100、1:200、1:500。

（3）部分立面图，常用的比例为 1:50、1:100、1:200。

（4）部分剖面图，常用的比例为 1:5、1:20、1:50。

（5）部分效果图和概括的设计说明。

四、材料选择和配套设计

确定装修材料是酒店设计过程中的重要环节。酒店设计师需要在这一环节充分发挥专业优势，确保所选材料既符合设计要求又符合预算限制，从而为酒店装修工程的顺利实施和高品质完成奠定坚实基础。

1. 装修材料

酒店设计师需要根据设计方案和预算要求，选择符合要求和预算的装修材料，包括地面、墙面、天花板等方面的材料。

2. 家具

酒店设计师需要根据设计方案和预算要求，选择符合要求和预算的家具，包括床、沙发、椅子、桌子、柜子等。

3. 色彩搭配

酒店设计师需要根据设计方案和客户需求，确定装修材料和家具的色彩搭配方案，以便营造出符合酒店风格和客户需求的氛围。

4. 质量控制

酒店设计师需要注意装修材料和家具的质量控制，选择优质的材料和家具，以确保酒店的品质和舒适度。

5. 配套设计

配套设计是对方案设计的进一步深化和具体化。这个阶段需要设计师更加深入地考虑项目的细节和实际需求，并与相关专业部门或专业工程师进行充分的协调合作，以制订最佳的设计方案，确保酒店的各项配套工程能够达到最佳的效果。

（1）水、电、空调等配套设施设计

在此阶段，各类专业工程师需详细标明各设备的准确数量、安装位置、预期功能及材料选择。同时，需对

图 2-19 装饰品的精心选择与摆放，营造出浓厚的艺术氛围

主要的暖通、电气及给排水系统进行全面而深入的规划，并按照 1∶100 的比例绘制平面图。所有暖通、电气及给排水设备的总量在本阶段应全部确定下来。设计师应注明外露暖通设备的装饰，并给出协调过的吊顶天花板图。

（2）陈设品设计

陈设品设计包括家具设计、灯具设计、纹样设计、艺术品设计、布草设计等。在此阶段，设计师可先根据酒店的整体风格和定位提出设计意见及方案，包括家具样式、布料及饰面材料、色彩搭配等，再由专业厂家细化。设计师在向业主展示设计方案和用材理念后，应寻求业主的反馈和批准。（图 2-19）

在配套设计方案完成后，设计师应与业主就设计内容进行探讨、磋商，取得业主认可后方可进入下一阶段。

第四节　完善设计方案

完善设计方案是酒店设计项目中不可或缺的一环，通过细化方案、绘制详细的工程图纸以及选择和确定施工所需的材料，确保设计方案能够顺利转化为实际的建筑空间，并满足客户的期望和需求。同时，通过这些步骤的完善有助于提高设计方案实施的效率和质量，从而确保设计方案的成功实施。（图 2-20、图 2-21）

图 2-20　酒店客房

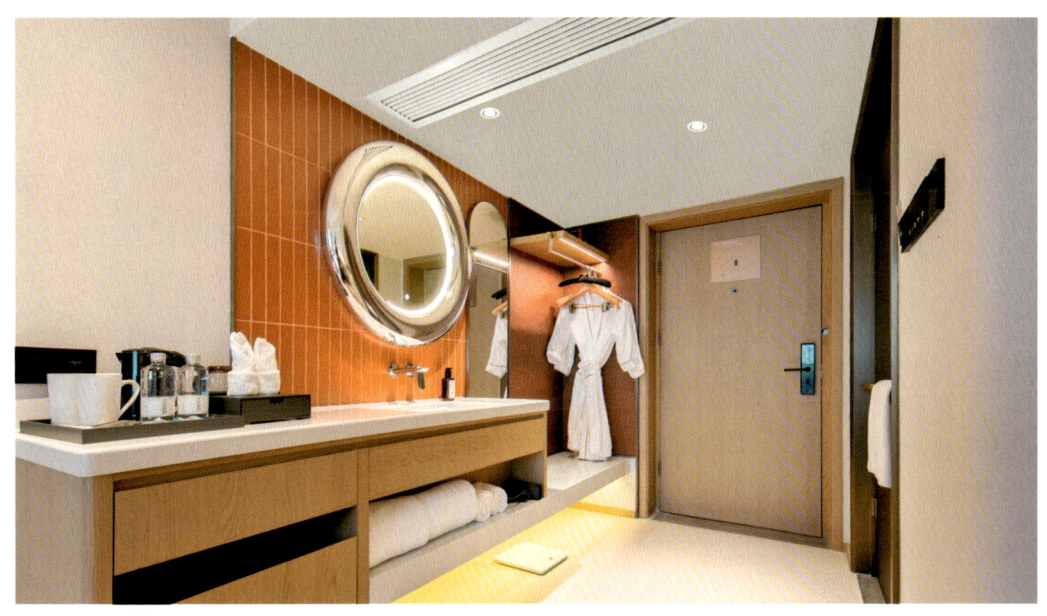

图 2-21　客房卫生间

一、方案细化

在这一阶段，设计师需要深入研究并细化设计方案的各个方面，包括建筑结构、内部布局、装修细节、家具选择、设备配置等，确保每个设计元素都被精确定义，并符合预期的标准和效果。（图 2-22 至图 2-24）

1. 建筑结构细化

设计师应深入研究酒店的建筑结构，包括墙体、楼板、屋顶、梁柱等细节，通过选择合适的结构材料、制订合理的结构连接方案，并确保结构的稳定性和安全性等，为设计方案的成功

图 2-22 酒店宴会厅

图 2-23 酒店公共空间　　　　　　　　　图 2-24 酒店公共卫生间

实施奠定基础。

2. 内部布局优化

在内部布局方面，设计师需要进一步优化不同功能区域的布置，确保空间利用率最大化。内部布局优化涉及房间大小和数量的调整、公共区域的流线设计以及通风和采光的改进等。

3. 装修细节和材料选择

细化装修细节包括墙面、天花板、地板、门窗、家具等方面的设计优化。设计师需要选择合适的装修材料，确定其颜色和纹理，制订装修工艺标准，从而确保装修效果符合设计理念。

4. 家具和设备配置

根据酒店的定位、设计理念和客户需求，确定所需的家具、设备和设施，包括客房内的床、沙发、桌子，餐厅内的餐桌和椅子以及会议室内的音视频设备等，将它们精确地配置到相应的区域。

二、工程图纸

绘制详细的工程图纸是酒店设计完善阶段的重要任务之一。通过平面图、立面图、剖面图、施工细节图等图纸的绘制和材料规格的标注，可以为施工过程提供准确的指导和依据，确保工程按照设计要求进行并达到预期的效果。这些图纸不仅是设计师与施工人员之间沟通的桥梁，更是实现设计理念的关键工具。

1. 平面图

绘制详细的平面图，包括每个楼层的布局以及房间、走廊、公共区域等位置和尺寸。平面图应清晰显示出房间的编号、名称和功能，以及通道、门、窗户等位置。

2. 立面图

绘制各个建筑立面的图纸，以展示外部建筑的外观和细节。立面图应标注出建筑材料、外部装饰材料以及窗户和门的位置等。

3 剖面图

绘制具有详细内部结构和层次的建筑剖面图，以便施工人员了解建筑内部的构造。

4. 施工细节图

绘制施工细节图，详细展示建筑各部分连接和建造细节，包括墙体、屋顶、楼梯、门窗等施工细节图。

5. 材料规格

在工程图纸上须明确规定所使用的建筑材料和规格，包括地板、墙面、天花板等材料和规格，确保施工过程中所使用的材料符合设计标准。

三、施工材料

选择和确定需使用的建筑材料，包括地板、墙面、天花板、家具和装饰品等材料，确保所选材料符合设计要求和质量标准，同时考虑供应商的可靠性和交货时间。在完善设计方案阶段，设计师应仔细选择并确定需使用的建筑材料，因为所使用的这些材料将直接影响酒店的质量、外观和持久性。

1. 地板材料

选择适合大堂、客房、餐厅、卫生间等不同区域的地板材料时，需根据不同区域的功能需求和使用特点进行综合考虑，以确保装修效果的美观性。同时，还应考虑材料的耐磨性、易清洁性、防滑性。

2. 墙面材料

确定墙面的装饰材料时，应综合考虑各种材料的特点与适用性，选择适宜的涂料、壁纸、瓷砖、木材等饰面材料。同时，还应考虑材料的耐久性、易清洁性、隔音性以及装饰效果。

3. 天花板材料

选择各区域的天花板材料时，需充分考虑各种因素，如石膏板、金属板以及吊顶等均是常用的选项。同时，还应考虑材料的隔音性、防火性、可维护性以及装饰效果。

4. 家具和装饰品

确定所需采用的家具款式、灯具类型、窗帘质地以及艺术品等装饰品，确保整体装饰风格协调统一。同时，还应考虑它们的舒适性和功能性。

5. 材料质量标准

明确每种材料的质量标准和规格，包括材料的颜色、纹理、尺寸等方面的要求，以确保所选材料符合设计要求。

6. 施工材料供应商选择

选择施工材料供应商时，需要评估不同供应商的可靠性、信誉度和交货时间的准确度。同时，还要与供应商建立紧密的合作关系。这样的合作关系不仅有助于确保供应商能够按时提供所需的材料，还能享受他们及时、高效的服务与支持。

四、装修风格和主题

在完善设计方案阶段，要进一步明确和强化酒店的

图 2-25 圆形水晶吊灯在酒店公共空间中独具特色，为空间增添优雅奢华感

图 2-26 宽敞明亮的落地玻璃窗营造出舒适的用餐氛围

装修风格和主题，包括色彩搭配、装饰风格、艺术元素、材料选择、照明设计等，确保设计的一致性，以创造独特而吸引人的酒店环境。

1. 色彩搭配

明确每个区域的色彩搭配方案，对墙面、地板、家具以及装饰品等各个方面的颜色精心选择与搭配，同时考虑其色彩的协调性、情感表达以及与主题的契合度。

2. 装饰风格

进一步定义酒店的装饰风格。确定每个区域的装饰风格，并选定相应的设计元素和材料。如有需要，也可以考虑定制家具、装饰品和艺术品，以确保它们与设计主题完美契合，从而突出酒店的独特性。（图 2-25、图 2-26）

3. 艺术元素

考虑在酒店内部引入艺术元素，如绘画、雕塑、壁画等作品以及其他装饰艺术品。这些元素可以为酒店增添艺术氛围和文化内涵。

4. 材料选择

确保所选装修材料与装修风格和主题相匹配。不同的装修风格和主题需要选择不同类型的材料，如传统风格可以使用木材和石材，现代风格可以使用玻璃和金属。

5. 照明设计

明确照明设计方案。照明设计可以营造特定的装修风格和主题，不同的照明设计方案则可以改变空间的氛围和效果。

五、预算调整

根据详细的设计和工程图纸，对预算进行调整和优化，确保其在可承受的范围内，并监控各项费用的使用，避免超支。

1. 预算审查

对项目的预算进行详细审查，包括建筑成本、装修成本、设备采购成本、劳动力成本、软装饰成本等各个方面的费用，确保预算的准确性和完整性。

2. 设计变更评估

评估在方案细化阶段可能会出现的设计变更和其他额外需求，分析它们对项目预算的影响，确保设计变更不会导致费用超支。同时，与财务团队紧密合作，制订详细的财务规划，包括项目的资本支出、运营费用和预期收入，确保项目在财务方面能够稳健可行。

3. 风险管理

评估可能会影响项目费用的风险因素，如原材料价格、劳动力成本、汇率等，并制订相应的风险管理策略。

4. 预算报告和审批

定期生成预算报告，向项目相关方和决策者汇报项目费用的情况，确保项目费用的使用得到有效的审批和支持。

5. 费用记录和核算

建立费用记录和核算体系，有助于监控项目的费用执行情况，确保所有费用都能够准确记录和核算。

第五节 施工与验收

酒店设计师在施工与验收阶段需要充分发挥专业优势，精心挑选合适的承包商，严格控制工程进度、质量、安全和预算等各项要素。通过这些环节，设计师可以确保酒店装修工程达到高品质标准，为客户创造舒适、安全、美观的住宿环境，同时也为项目的成功实施和预算的顺利实现提供有力保障。

一、施工阶段

在酒店设计的施工阶段，项目团队需要协调各个部门，确保项目按照设计方案进行施工。

1. 施工计划

制订详细的施工计划，包括施工时间表、人员分配、材料采购和工程进度等方面的安排。

2. 承包商管理

与承包商建立有效的沟通和合作机制，监督施工进展，确保质量规范和安全标准得到遵守。

3. 工程进度控制

控制酒店装修工程的进度，确保工程按照计划进行施工，并加强监督力度，避免延误和成本超支等问题。

4. 质量控制

对酒店装修工程的质量进行严格控制，确保施工质量符合设计方案和工程标准，以提高酒店品质和舒适度。

5. 安全管理

对酒店装修工程的安全性进行严格控制，确保施工过程中的安全问题得到有效解决，避免意外事故和财产损失。

6. 预算控制

对酒店装修工程的预算进行严格控制，确保施工过程中的成本得到有效控制，避免成本超支和经济风险。

二、验收阶段

工程验收作为酒店装修工程的最终环节，不仅是对设计方案、预算要求和工程标准的一次全面检验，更是确保酒店装修工程达到预期效果的关键步骤。

1. 工程验收标准和流程

酒店设计师需要根据设计方案和工程标准，制订工程验收标准，以便对酒店装修工程进行全面、系统的验收，并明确工程验收的流程和步骤，包括验收前的准备、验收过程中的监督和记录、验收后的整理和归档等方面的内容。

2. 安全审查

酒店安全审查是确保酒店设施与运营符合相关安全标准和法规要求的关键环节。在工程验收阶段，必须对酒店的安全性进行全面、细致的检查和测试，涵盖消防安全、建筑结构安全等多个方面，以保障酒店住客及员工的人身安全和财产安全。

3. 交付资料和保养说明

酒店设计师需要准备酒店装修工程的相关资料和保养说明，并交付客户，包括工程验收报告、保修卡片、装修材料和家具的使用说明、保养维护手册等。

4. 项目总结和评估

酒店设计师需要对酒店装修工程进行全面总结和评估，包括工程进度、质量、安全、成本等方面，以便总结经验教训，不断提高项目管理水平。

5. 交付客户

酒店交付给客户是一个复杂且重要的过程，需要确保所有必要的文件和证明都已准备妥当，以便客户能够顺利且正式地接管酒店。

6. 最终审计

最终的审计和结算是确保酒店项目预算和费用得到合理控制的重要环节，它为酒店的顺利运营提供了有力的保障。因此，在酒店项目交付过程中，设计师应高度重视审计和结算工作，确保其得到充分执行和有效监督。

实训练习

1. 实训内容

分析一个酒店设计案例，从项目的目标、前期准备等方面进行评述。

2. 实训要求

（1）充分体现设计流程的合理性。

（2）反映出对酒店设计项目的个人见解。

（3）字数不少于2000字，图文并茂，打印在A4纸上。

第三章

酒店空间布局与功能分区

第一节　酒店规划和布局的基本原则

第二节　功能分区与空间布局

第三节　空间流线设计

第四节　功能空间设计

教学目标

1. 掌握酒店空间规划的核心要素：功能分区与空间布局、空间流线设计、功能空间设计等，确保对有效空间布局的深刻认识与理解。

2. 掌握功能分区与空间布局的关键技能，培养学生制订合理功能分区方案和实现有效空间布局的能力，最大化利用空间，以确保酒店各区域能够实现顺畅的功能运作。

教学重难点

重点：

1. 帮助学生理解酒店设计核心原则，并能在实际设计中灵活应用，确保空间规划符合酒店运营需求。

2. 关注学生在设计案例中运用所学技能，培养学生制订合理功能分区方案和实现有效空间布局的能力。

难点：

1. 空间流线设计的实际应用：将理论运用于实际案例，全面考虑运营效能和顾客体验。
2. 功能空间设计的创新：展现创新思维，提出独特设计，挑战功能性和美观性的平衡。

酒店空间布局与功能分区在规划初期就需要引起设计师的充分重视。一个良好的酒店空间布局不仅能提升客户体验，还能优化酒店运营效率，确保各项服务流畅进行。酒店规划和布局必须遵循一系列基本原则，确保功能定位准确、客户需求得到充分满足、空间尺度与比例适宜，以及与酒店的定位和市场环境相协调的建筑风格与造型。功能分区与空间布局是实现高效空间利用和提升客户体验的关键。此外，酒店中各个关键空间的设计也是需要重点关注的，如大堂、客房、餐厅以及健身娱乐空间等。通过学习这些内容，学生将能深入理解酒店不同空间的特点和功能需求，掌握相应的设计原则和方法。这些知识将为他们未来从事酒店设计提供有价值的指导，使他们能够设计出既符合市场需求又兼具美观性和实用性的酒店空间。（图3-1）

图3-1 镂空的隔断将空间分隔开来，玻璃窗营造出明亮开放的氛围

第一节　酒店规划和布局的基本原则

在酒店设计中，酒店规划和布局是至关重要的一步。在这个阶段，设计师需要充分了解酒店的定位和服务目标，以明确其功能定位。在进行空间布局时，科学合理地规划各个功能区域的位置和布局至关重要。合理的空间布局能够保障酒店内部流线的顺畅性和客人体验的舒适性。大堂、客房及餐厅等空间应根据客户的流动模式与使用频率进行科学化的布局设计，以便有效提升酒店的运营效率。

酒店规划和布局不仅要注重空间布局的科学性，还要兼顾灵活性和可持续性。灵活性指能够适应未来的发展和变化，以满足不同的需求以及适应变化的市场环境。可持续性指在设计中充分考虑资源可持续利用的原则，通过采用环保材料和先进的设计理念，最大限度地减少资源浪费并降低对环境的不良影响。（图 3-2 至图 3-4）

图 3-2 酒店餐饮空间布局

图 3-3 通过合理的摆设和空间布局，营造出开阔和引人入胜的用餐环境

图 3-4 灯光的布局设计不仅满足了实际照明需求，还为空间带来了独特的视觉效果

一、酒店的功能定位

酒店的功能定位是指明确酒店的服务对象、经营定位和主要功能。酒店的功能定位是酒店设计的基础，它决定了酒店的整体定位和经营方向。在进行功能定位时，设计师需要充分了解酒店的目标市场和客户需求，并结合酒店品牌形象和定位来确定其服务类型和主要功能，从而为后续的空间布局和设计提供指导。

1. 服务对象

酒店的服务对象包括商务客户、度假客户、家庭客户、背包客等。不同的客户群体有不同的需求和喜好，因此酒店的功能定位应根据其主要服务对象来确定。

2. 经营定位

酒店的经营定位是指明确酒店的市场定位和竞争优势。例如，酒店可以定位为高端豪华酒店、精品酒店、经济型酒店等。经营定位不仅影响酒店的服务水平和设施配置，还影响酒店的定价和营销策略。

3. 主要功能

酒店的主要功能包括住宿、餐饮、会议、休闲娱乐等。不同类型的酒店会强调不同的功能，例如商务酒店会更注重会议设施和商务服务，度假酒店则会更注重休闲娱乐设施等。

二、客户需求分析

客户需求分析是酒店设计中至关重要的一环，通过深入了解和分析客户需求，设计师可以针对性地满足客户的期望，提高客户满意度，从而增加酒店的竞争力和盈利能力。

1. 调研客户群体

首先，设计师需要对酒店所面向的客户群体进行全面的调研，包括了解客户的年龄、职业、消费水平、文化背景等信息，以及客户在入住酒店时的主要目的和需求。通过数据调研和市场分析，设计师可以深入了解客户的主要需求和偏好。

2. 客户个性化需求

在进行客户需求分析时，设计师需要关注客户的个性化需求。不同客户有不同的喜好和习惯，因此酒店的设计应尽可能地满足客户个性化需求。

3. 竞争分析

在进行客户需求分析时，设计师还需要对竞争对手进行分析。了解竞争对手的优势和不足，可以帮助设计师找到酒店的差异化优势，并在设计中体现出来。

三、空间尺度与比例

空间尺度与比例的合理设计是酒店空间布局的基础，它直接影响客人的舒适感和满意度。通过科学的尺度和比例设计，酒店可以打造出更具吸引力和竞争力的空间，提升酒店整体的品质和价值。

1. 空间尺度

空间尺度是指酒店内不同空间的大小。在进行空间尺度设计时，设计师需要考虑不同空间的功能和使用需求，确保空间大小与功能需求相匹配，既要满足客人的需求，又要避免空间和资源浪费。

2. 比例

比例是指不同元素之间的尺寸关系。在酒店设计中，比例的协调与平衡对于营造和谐的空间至关重要，如房间内家具的比例应与房间的大小相协调。

3. 视觉效果

合理的空间尺度和比例能够产生良好的视觉效果，让客人感到舒适和愉悦。通过运用合理、适当的比例，可以强调重要的空间元素，从而营造出开阔、宽敞或温馨的氛围。

4. 人体尺度

在空间设计中，还需要考虑人体尺度，它涉及人们在不同空间中的活动和行为。合理的人体尺度设计可以提高空间的适用性和舒适性，使客人在酒店内得到更好的体验。

四、建筑风格与造型

在酒店设计中，建筑风格与造型是非常重要的方面。不同的建筑风格和造型能够影响酒店的整体形象、市场定位和客户体验。常见的建筑风格包括欧式古典风格、现代主义风格等，每种风格都有其独特的特点和氛围。除了建筑风格，酒店的建筑造型也是一个重要的设计因素，设计师需要根据酒店的特点和市场需求，选择合适的建筑风格和造型，以创造出独特、美观和符合市场需求的酒店形象，从而提高酒店的品牌价值和市场竞争力。

1. 符合酒店的品牌特色和文化背景

酒店在设计和运营过程中应注重品牌特色和文化背景的塑造和传承。酒店的品牌特色和文化背景不仅影响着酒店的形象和竞争力，还决定着客户对酒店的认知和体验。酒店的品牌特色涵盖了品牌定位、目标客户、服务和设施等多个方面，设计师需要根据这些因素选择适合的设计方案和服务设施，营造出独特的品牌特色和服务体验。同时，酒店的文化背景也是设计中需要考虑的重要因素，设计师需要了解酒店所在地区的地域特色和历史文化背景，将文化元素融入酒店的设计中，以创造出具有独特文化内涵的酒店形象和客户体验。

2. 选择合适的建筑风格和造型

在选择建筑风格和造型时，设计师需要考虑酒店的市场定位、目标客户、地域特色和历史文化背景等多方面因素。酒店所在地区的地域特色和历史文化背景也是选择建筑风格和造型的重要因素。

第二节　功能分区与空间布局

功能分区与空间布局是酒店设计中至关重要的步骤，它涉及酒店内部不同区域的规划和布置，以满足客人的需求，提供高效便捷的服务体验。通过合理的功能分区与空间布局，酒店可以实现资源的最优化利用，从而提升工作效率和客户满意度。本节将探讨功能分区的基本原则、常见的功能分区，以及空间布局的方法和模式。（图3-5至图3-7）

图 3-5 用餐环境分区

图 3-6 休闲区布局

图 3-7 酒店入口布局

一、功能分区的基本原则

在功能分区的设计中，必须充分了解和满足不同类型客户的需求，打造合理、实用、舒适、安全的功能分区设计方案，给客户提供舒适、便捷的入住体验。

1. 客户体验

不同的客户有不同的偏好和需求，酒店应根据不同客户群体的特点，进行细致的分析和定位，确保提供符合客户喜好的空间环境。

2. 实用性

各个功能区域的设计应注重实用性，让每个区域都能够满足用户需求，并提供高效的服务。

3. 舒适性

酒店是人们休息和放松的场所，其功能分区的设计应考虑舒适性，营造宜人的环境，使客人在酒店内有宾至如归的感觉。

4. 安全性

酒店功能分区的设计应充分考虑客户的安全需求，特别是在公共区域和紧急疏散通道的布置上。通过科学的设计、合理的布局和严格的管理，酒店可以为客户提供一个既舒适又安全的休息和放松场所。

5. 交流与互动

为了满足客户之间的交流与互动需求，设计师在功能分区的设计上需进行精心的规划和布局。通过合理地设置公共休息区和社交空间，不仅能够为客户提供一个舒适、宜人的交流环境，还能够有效增进客户之间的互动体验。

二、常见的功能分区

在酒店设计中，一个好的功能分区设计可以提高客户满意度和酒店经济效益。功能分区的设计应考虑空间利用率、合适的尺度，以及舒适性、安全性、互动性等。这些因素可以提高酒店的运行效率和经济效益，提高客人的满意度和整体体验，从而提高酒店的品牌形象和市场竞争力。在酒店设计中，设计师需灵活运用功能分区的各设计要素，根据实际情况合理规划各个区域，以创造出舒适、便利、高效和人性化的酒店环境。（图 3-8、图 3-9）

酒店设计中常见的功能分区可以分为以下几类。

1. 大堂和接待区

大堂和接待区是酒店的门面，也是客人入住时的第一印象，通常包括前台、休息区、行李寄存室和礼宾服务区等。

2. 客房区

客房区是酒店最主要的功能区域，通常包括豪华套房、标准客房、家庭房等。设计师需要根据客房的类型

图 3-8 酒店接待区

图 3-9 酒店公共区域

和尺寸来设计客房区，以满足客人不同的需求。

3. 餐饮区

餐饮区是酒店提供餐饮服务的区域，包括餐厅、咖啡厅、酒吧等。设计师需要根据客人需求和酒店定位来设计餐饮区，以满足客人不同的需求。

4. 健身与娱乐区

健身与娱乐区是为客人提供休闲和娱乐的场所，包括健身房、游泳池、SPA 中心等。设计师需要根据客人需求和酒店定位来设计健身与娱乐区，以提高客人的整体体验和酒店的服务质量。

5. 会议与活动区

会议与活动区主要是提供会议、宴会和其他各种活动的场所，如会议室、宴会厅、展览厅等。

6. 后勤与管理区

后勤与管理区包括员工休息室、办公区、仓储区等，用于支持酒店的日常运营和管理。设计师需要根据酒店管理和运营的需求来设计后勤与管理区，以提高酒店的运营效率和经济效益。

三、空间布局方法

在酒店设计中，一个好的空间布局设计可以提高酒店的服务效率、客户满意度和经济效益。空间布局的设计应具有良好的流线性、灵活性、统一性、安全性以及空间利用率。设计师需要考虑不同区域之间的互动性和衔接性，以提高客人的整体体验和酒店的服务质量。（图 3-10 至图 3-13）

1. 空间布局的设计方式

（1）空间分隔

不同功能区域应明确分隔，避免相互干扰。例如，将客房区与餐饮区、会议区等区分开来，以保障客人

图 3-10 度假酒店外观布局

图 3-11 酒店公共区域布局

图 3-12 度假酒店私人露台布局

图 3-13 餐饮空间布局

的休息和隐私。

（2）视觉导引

通过合理的布局和视觉设计，如利用色彩、灯光和标识等手段，帮助客人快速识别不同区域，引导客人自然而然地流向各个功能区域。

2. 空间布局的设计原则

通过合理的空间划分、组织和安排，可以满足特定功能和活动的需求，创造出舒适、高效和愉悦的室内环境。空间布局不仅影响使用者的体验，还直接影响空间的功能性、流线性、舒适性、安全性。

（1）功能性

功能性在酒店室内设计的空间布局中占据着重要的地位。通过明确划分不同功能区域、确保每个区域满足特定需求、定制设计家具、优化流线和保障空间适应性等措施，可以打造出既美观又实用的酒店空间，以满足不同的活动和需求。此外，空间分隔、娱乐互动、人性化设计和流程规划等策略都在功能性布局中发挥重要作用。通过功能性布局，酒店能创造出适合多功能用途的空间，提供愉悦的使用体验，增强客人满意度，同时也能提高工作效率和可持续性。

（2）流线性

一个良好的空间布局能够优化流线，使人们在空间中的移动更加自然和顺畅。流线性的设计可以减少不必要的走动，提高空间的可用性和使用率。

首先，清晰的流线可以使客户在空间内的移动更加自然流畅。合理规划路径和导向，能避免客户在空间中出现方向迷失的情况，从而提高整体空间的可用性和使用效率。其次，清晰的流线有助于优化空间的使用效果。通过合理的导向和路径规划，可以确保客户在进行不同活动时的移动路径更短，节省时间和精力，增加空间的实际使用价值。最后，清晰的流线还能够减少混乱和拥堵现象。通过明确的路径规划，可以有效地引导人们的移动方向，减少人群拥堵的可能性，从而提升整体空间的舒适度和安全性。（图 3-14、图 3-15）

（3）舒适性

舒适性是创造一个愉悦、舒适环境的核心要素，对于满足客户需求和提供高品质体验至关重要。

首先，合理的家具摆放是创造舒适空间的基础。家具的位置和布局应与空间功能相匹配，避免拥挤，确保客户可以自由移动并找到合适的位置。其次，通风和照明也是营造舒适氛围的重要因素。良好的通风系统可以保持空气流通，避免空气不流通导致闷热和不舒适感。

图 3-14 酒店通道中的地毯流线设计有效引导人们的移动方向，同时为空间增添舒适感

图3-15 线形吊灯流线设计为环境增添了独特的艺术氛围

适宜的照明设计则可以创造出温馨、明亮的空间，提高用户的舒适感和视觉体验。最后，提供足够的私密性和社交空间也是舒适性布局的考虑因素。合理的隔断和分区设计可以在需要时为用户提供私密性，同时创造社交互动的机会，使客户在不同情境下都感到舒适。舒适性的实现还需要考虑客户的体感需求。舒适的座椅、柔软的材质、合适的色彩等都能够增强用户的舒适感，让客户在空间中得到放松和愉悦。

（4）安全性

安全性涉及设计和空间规划等方面，通过减少潜在的安全隐患，保障使用者在空间内的安全。首先，合理规划和设计空间布局，避免狭小的通道和拥挤的区域，保持通道畅通，确保人们在空间中的移动不会受到阻碍，以降低人群拥堵和碰撞的风险。其次，要考虑紧急疏散的需求，通过规划适当的疏散通道和出口位置，确保客户在突发情况下能够快速安全地离开空间。

为了确保酒店的安全性，可以选择合适的材料和家具，使用符合安全标准的材料，如防滑地板、阻燃材料等，以降低滑倒、火灾等风险。家具的设计应避免尖锐边缘和危险的部件，以减少碰撞和伤害的可能性。同时，

还应考虑特定客户群体的需求，如儿童、老人或残疾人，酒店应提供适当的安全设施和设备，确保他们在空间内也能够获得安全保障。此外，合理的照明设计也能提高安全性，减少意外发生。确保空间内的照明充足，避免黑暗角落和视觉盲点，以提高使用者的警觉性和安全感。（图 3-16）

四、空间布局模式

在酒店设计中，不同的空间布局模式可以为酒店打造不同的氛围和体验。设计师需要根据不同的酒店类型、空间大小和功能需求来选择适合的空间布局模式，以创造出舒适、便利、高效和人性化的酒店环境。常见的空间布局模式有以下几种。

1. 中央走廊式布局

中央走廊式布局即将主要功能区域沿着中央走廊线性排列，如客房、会议厅、餐厅等依次排列在一条走廊两侧，适用于狭长形的建筑。（图 3-17、图 3-18）

2. 中庭式布局

中庭式布局即围绕中央庭院或大堂设置各功能区域，

图 3-16 酒店公共区域的落地窗设计为空间引入了充足的光线，使得整个区域明亮而通透，同时确保了住客的安全与舒适

图 3-17 酒店餐饮空间布局

如客房、餐厅、休闲区等环绕中庭进行布局，营造出宽敞明亮的空间感。

3. 集中式布局

集中式布局即将所有功能区域集中在一起，便于管理和服务，适用于较小规模的酒店或有限场地的酒店。

4. 分散式布局

分散式布局即将各功能区域分散布置，营造出宁静的环境，适用于大型度假酒店或拥有广阔场地的酒店。

5. 轴对称式布局

轴对称式布局即以中心轴线为中心，将各功能区域对称排列，营造出均衡和谐的空间美感。

6. 开放式布局

开放式布局即打破传统的封闭隔间，采用开放式设计，将不同功能区域融合在一起，创造出开放、互动的空间体验。

这些不同的空间布局模式可以根据酒店的规模、建筑形态、经营理念和客户需求进行灵活组合和应用，以实现酒店空间的最佳布局效果。

图 3-18 酒店会议空间布局

第三节 空间流线设计

空间流线设计是指在建筑和室内设计中,通过合理规划和布局,优化人们在空间中的移动路径,从而达到优化使用体验、提高效率、确保安全的目的。酒店作为接待客人的场所,其空间流线的设计直接关系到客人的舒适感和体验。(图 3-19 至图 3-21)

一、空间流线设计的重要性

空间流线设计是酒店设计中至关重要的一环,它不仅仅是空间布局的问题,更关系到客户的整体体验、酒店运营效率以及安全性和品牌形象等。因此,酒店设计师在规划空间时应充分考虑流线设计。空间流线设计的重要性体现在以下几个方面。

1. 提升客户体验

良好的空间流线设计可以使客人在酒店内部轻松自如地移动,减少迷路和困惑,提升整体体验感。

2. 增加运营效率

合理的流线设计有助于员工高效地完成工作,例如餐厅服务员能快速地为客人提供服务,清洁人员能高效地清理客房。

3. 减少拥堵和混乱

通过巧妙的流线设计,可以有效地避免狭窄和混乱的空间布局,为客人和员工创造一个舒适、畅通的环境。

4. 增加安全性

良好的流线设计不仅要考虑日常使用,还要保证在紧急情况下,人们可以迅速有序地疏散,以确保安全。

5. 展示品牌形象

流线设计也是酒店品牌形象的一部分。通过精心设计的流线,可以传达出酒店的风格、氛围和独特性。

二、空间流线的设计原则

在酒店设计中,空间流线的设计需要考虑客人的行为习惯和需求,对于提高客人的舒适度和便利度非常重

图 3-19 墙壁的线条设计巧妙地引导了视线,为半开放式餐饮空间赋予了流畅自然的流动感,也增强了空间的流线性

图 3-20 玻璃的设计有效提升了餐饮空间的流线性和空间感

图 3-21 落地窗的运用增强了餐厅区域的流线性

要。设计师需要将客人的需求融入空间流线的设计中，以创造出符合客人需求的酒店环境。在酒店设计中，空间流线设计能合理规划和组织不同功能区域之间的连通路径，以提供方便、舒适的客流体验。空间流线的设计原则包括以下几点。

1. 直观性

直观的空间流线设计意味着客人在进入酒店后能够迅速了解和识别各个功能区域的位置，如前台、电梯、餐厅等关键区域，减少了解空间布局的时间。设计师可以通过运用清晰的导向标识、醒目的色彩搭配以及有吸引力的装饰元素，来实现空间的自然过渡和流畅衔接，以提升整体的空间品质和使用体验。

2. 顺畅性

顺畅的空间流线可以确保客人在酒店内部的移动没有任何障碍。例如，留出足够的走道和通道的宽度，避免拥挤和交通阻塞，以确保顺畅的空间流线。通过合理的空间布局以及正确的放置家具和装饰物，能够使空间更加开放和舒适，从而提高空间流线的顺畅性。

3. 逻辑性

空间流线设计应遵循客人的使用习惯和行为模式，按照客人的常规活动路径进行规划。例如，酒店的入口通常与前台接待区域相邻，空间流线会自然而然地引导客人从前台进入餐厅、电梯或客房。酒店设计师应充分了解客人的常规行动路径，从而为客人提供更好的导引和体验。

4. 安全性

空间流线设计必须考虑到紧急情况下的安全性。必要的紧急出口和逃生通道应有明确标识，且保持畅通无阻。空间流线的规划还应充分考虑火警、地震等突发情况，通过合理的路径设计、避难区域规划以及应急设施配备，确保客人能够在紧急情况下快速、有效地撤离，保障他们的生命安全。

三、空间流线规划

空间流线规划关系到客人在酒店内的移动和使用

效率。在进行空间流线规划时，只有充分考虑到流线的宽度和高度、转弯和连接、无障碍通道和紧急疏散通道等因素，才能设计出一个方便、舒适、安全的空间流线。同时，还需要考虑酒店的整体功能定位、客房和公共区域的布局，以及客人的使用需求。

1. 客房流线规划

大中型酒店的客人流线分酒店住宿客人、会议宴会客人等。为了避免大量的客人来回穿梭引起流线的不畅，需将住宿客人和其他客人的流线分开，这就需要在进行酒店大堂设计时解决好流线的问题。酒店大堂通往电梯、餐厅、宴会厅以及休闲娱乐等空间的路线应明确，标识也应一目了然，一方面能使客人很方便地找到通道，一方面利于迅速地分散人流，有效减少直接上楼住宿的客人与前往公共空间的客人在大堂内的来回穿行。

关于住宿客人的出入口设计，应充分考虑各类客人的需求与便利性。出入口的设置包括步行通道和无障碍通道，从前台入口至电梯通道的入口设计要宽敞，便于客人通行，同时还应设专门的行李出入口，以提高行李运输的效率。为了满足团队客人的特殊需求，部分酒店还设有专门为大客车停靠的出入口，并配备团队客人的休息厅，以提供更为周到的服务。对于承担宴会、会议等功能的多功能酒店，应单独设立出入口和门厅，确保活动的顺利进行与高效管理。

2. 公共区域流线规划

在酒店设计中，公共区域的流线规划至关重要，涉及大堂、餐厅、休闲区等不同空间的布局和连接。首先，大堂作为客人的第一印象，其流线应当引导客人从入口顺利到达前台，并进一步连接其他功能区域。导向标识和地标的运用可以帮助客人快速准确定位。其次，餐厅的流线设计应使客人能够方便地找到座位、自助餐台和点餐区等，同时也要考虑服务人员的工作流线，以提升餐厅运营效率。最后，休闲区的流线规划需要兼顾客人的放松和交流需求，创造足够舒适的空间，以确保客人的愉悦体验不受干扰。（图3-22至图3-24）

3. 服务流线规划

服务流线指酒店员工在工作过程中的流动路径。现代酒店要求客人流线和服务流线互不交叉，分开设计。管理人员和服务人员的进出口和电梯，尽可能地隐蔽，与客用电梯分设。同时，清洁服务流线也需要优化，确保清洁人员能够高效地完成客房清洁和公共区域的清扫，不干扰到客人的正常活动，以提高工作效率和客户满意度。

图3-22 客房外部公共空间的弧形设计增强了空间的流线性

图3-23 休闲空间中的廊桥设计有效引导了空间的流线，使整体布局更显流畅与自然

4. 物品流线规划

为了保证后勤供应及安全卫生，大中型酒店都要设置物品流线，且不与客人流线相互交叉。物品流线应使各类用品和食品顺利地运入酒店，同时大量的垃圾和废弃物品通过物品流线顺利地运出酒店。

图 3-24 酒店餐饮空间的镂空隔断设计巧妙地引导了顾客的视线，营造出优雅而富有层次感的用餐氛围

第四节　功能空间设计

酒店功能空间设计是指根据不同的用途和需求，将酒店空间划分为不同的功能区域，并通过合理的布局、设计和装饰，创造出满足客人需求、提供良好体验的环境。不同的功能空间包括大堂、客房、餐饮区、休闲娱乐区、会议室等。每个功能空间都应该根据其特点和用途进行独立的设计，同时保持整体的统一风格和品牌形象。

一、大堂设计

酒店大堂是酒店的门面和重要部分，也是客人入住时的第一印象。大堂的设计风格应与酒店整体风格和定位相一致，其功能性需要兼顾客人的入住、休息、社交和商务需求。合理的空间规划和平面布局，加上舒适的家具和装饰，能够为客人提供舒适的休息环境和愉悦的体验。大堂的装饰和材料选择至关重要，华丽的装饰和高质量的材料能够增加奢华感，而简约的设计和自然材料则能营造出温馨和舒适的氛围。照明设计和艺术装置也是大堂设计中不可忽视的因素，它们能够营造出独特的氛围和吸引客人的注意力。（图 3-25 至图 3-27）

图 3-25 酒店大堂色调以褐色为主，给人一种温暖而舒适的感觉

图 3-26 酒店大堂

图 3-27 酒店大堂的公共区域

1. 大堂设计的基本要素

大堂设计的基本要素包括空间规划、设计风格、材料和装饰、照明设计、家具和陈设以及科技应用。通过这些要素的合理运用，可以打造出独特、舒适和愉悦的大堂空间，为客人提供卓越的入住体验。

（1）空间规划

空间规划是大堂设计中最基本的要素，涉及对大堂内部空间的合理规划和布局。它包括功能区划分、流线布局、客流量估算、空间尺寸、客户需求以及私密性和开放性等多个方面。通过合理的空间规划，大堂的功能需求得以满足，从而创造出舒适、流畅且美观的空间环境，使大堂成为一个既实用又宜人的场所。

（2）设计风格

设计风格决定了大堂内部的整体风格和氛围。在大堂设计风格的选择上，应与酒店整体定位和目标客户群相匹配，并融入当地文化和环境特色，从而体现酒店的品牌形象和服务理念，为客人提供难忘的入住体验。色彩和材料的选择、家具和装饰的搭配以及艺术元素的融入，都是设计风格的体现。

（3）材料和装饰

大堂设计中的材料和装饰是两个非常重要的要素。材料的选择直接影响大堂的外观和质感，豪华酒店通常使用高质量的材料，如大理石、实木和皮革，而经济型酒店会选择更实用的合成材料。装饰细节则为大堂增添独特的特色和魅力，墙面的雕刻、地板的花纹和吊灯的设计都能让大堂显得更加精美。

（4）照明设计

照明设计不仅能够突出大堂的设计特点和重点区域，使其更加醒目和富有吸引力，还能营造出特定的氛围和情感。照明设计还可以改变大堂的色彩表现，通过彩色灯光的巧妙运用增添趣味性和个性化。不仅如此，照明效果也能为大堂增加动感，吸引客人的注意力。酒店设计师在进行照明设计时，不仅要关注照明效果和艺术性，更要注重节能环保和成本控制。通过采用高效节能的 LED 灯光和合理设置照明控制系统，既可以为客人打造舒适、美观的大堂环境，又可以降低酒店的运营成本，实现经济效益和环境效益的双赢。（图 3-28）

（5）家具和陈设

大堂舒适的沙发、椅子可以为客人提供愉悦的休息场所和待客体验。同时，华丽的家具以及精美的花瓶和艺术品等装饰能增添大堂的精致感和品位。家具的陈设布局应与大堂的空间规划相协调，确保客流畅通和通行便捷。通过选择合理的家具和陈设，并与照明设计相协调，能够为大堂打造舒适、美观和富有功能性的空间，同时展现酒店的品牌形象和独特风格，为客人带来难忘的入住体验。（图 3-29）

图 3-28 大堂接待空间中独特的吊灯悬挂在空中,成为空间的亮点

图 3-29 酒店大堂公共空间陈设布局考究,彰显了酒店的品位与格调

(6)科技应用

科技应用在现代大堂设计中扮演着越来越重要的角色。虚拟现实和增强现实技术为客人带来更加丰富的体验,科技互动装置增加了大堂的活力和趣味性。通过便捷的自助服务平台、先进的数字导览系统、直观的交互式屏幕和智能化的智能控制系统,客人能够更方便地获得所需信息和服务,同时酒店的运营效率也会得到提升。科技应用还可以实现大堂的能源节约,为大堂设计带来了全新的可能性,为客人提供了更加智能、便捷和愉快的入住体验,同时也提升了大堂的智能化服务和互动性。

2. 大堂材质选择

大堂的材质选择直接影响着大堂的外观和氛围,因此应综合考虑外观效果、氛围营造以及耐久性和环保性等多个因素。通过合理的材质选择,可以打造出独特、舒适和具有品质感的大堂空间,提升酒店的品牌形象和客户体验。在大堂的材质选择上,通常需要考虑以下几个方面。

（1）地面材质

大堂地面是客人最直接接触的区域，因此选择耐磨、易清洁的地面材质非常重要。常见的地面材质包括大理石、花岗岩、木地板、瓷砖等。大理石和花岗岩具有高贵典雅的特点，适用于豪华酒店；木地板能营造出温馨和舒适的感觉，适用于中档酒店；瓷砖则适用于现代感更强的酒店设计。

（2）墙面材质

墙面材质的选择应与地面材质保持和谐统一，同时兼顾装饰效果与环保性能。大堂墙面可采用多样材料，如豪华典雅的大理石板、设计丰富的壁纸、艺术氛围浓厚的装饰画，以及明亮通透的玻璃幕墙等，以打造优质的空间体验。

（3）天花板材质

天花板的材质选择首先要考虑能遮挡建筑结构和照明设备，同时也要考虑其装饰效果。常见的天花板材质包括石膏板、木饰面板、金属板等。（图3-30）

3.大堂照明设计

通过合理的照明设计，能够营造出适宜的氛围，提升大堂的视觉效果和客户体验。

（1）照明氛围

大堂的照明设计应根据酒店的定位和风格来确定。例如，豪华酒店通常采用柔和而奢华的照明，营造出高贵典雅的氛围；时尚酒店可以选择现代感强、明亮清爽的照明，营造出时尚与活力并存的氛围。

（2）功能区分

大堂通常有不同的功能区，如接待区、休息区、社交区等。不同的功能区可以通过照明设计进行细致的区分，以满足不同区域的照明需求。

（3）自然光利用

合理利用自然光是大堂照明设计的一项重要策略。通过大堂的天窗、玻璃幕墙等设计，使自然光充分进入室内，减少能源消耗。

（4）照明配色

照明配色是照明设计中的重要因素。不同颜色的灯光可以营造出不同的氛围，如暖色调增加温馨感，冷色调增加现代感。

（5）照明亮度

大堂的照明亮度应根据不同功能区的需要进行合理设置，为客人提供舒适的视觉环境。

（6）照明艺术

照明设计可以融入艺术元素，通过灯光效果、灯具造型等，营造出独特的艺术氛围，增加大堂的美感和品质感。

4.大堂色彩设计

大堂的色彩设计可以展现出酒店的特色与定位，通过选择合理的色彩，为客人营造出一个舒适、宜人的环境。酒店设计师在进行色彩设计时需要充分考虑酒店的品牌定位、氛围营造、空间效果、色彩搭配、文化和环境以及季节和节日等多个因素，通过巧妙的色彩运用，使大堂成为酒店的一张亮丽名片，为宾客带来愉悦和难忘的入住体验。（图3-31）

（1）品牌定位

大堂的色彩应与酒店的品牌定位相匹配。不同酒店的品牌形象和定位不同，可以通过选择适合的色彩来展现酒店的独特特色和品牌价值。

（2）氛围营造

色彩可以营造出不同的氛围和情感。例如，暖色调

图3-30 红色的天花板为空间注入了一分独特的热情和活力，与金属质感的接待台形成了强烈的对比

图3-31 酒店大堂接待区域采用了温馨而柔和的暖色调设计，营造出宾至如归的舒适氛围

如红、黄、橙，能够增加温馨和舒适感；冷色调如蓝、绿、紫，能够增加清新和现代感。选择合适的色彩可以让大堂的氛围与酒店的定位相契合。

（3）空间效果

色彩设计可以影响大堂的空间感知。例如，明亮的色彩具有扩大空间感的效果，可以增加空间的开阔感和明亮度，适用于较小的大堂；深沉的色彩则具有收缩空间感的效果，适用于较大的大堂。通过巧妙地运用色彩，能改变大堂空间给人的感受。

（4）色彩搭配

色彩搭配是大堂设计中的重要一环，包括墙面、地面、家具、装饰等各个部分的色彩搭配，使其相互协调，形成统一的整体效果。

（5）文化和环境

大堂色彩设计还应考虑当地的文化和环境要素。根据当地的文化特色和自然环境选择适合的色彩，能够更好地融入当地氛围，为客人提供独特而富有地方特色的入住体验。

（6）季节和节日

在一些特定的季节或节日里，色彩设计成为营造氛围的重要手段。例如，在春节期间，可以采用红色作为主题色调，以展现喜庆、祥和的节日氛围；而在圣诞节，绿色则成为主导色彩，象征着生机与希望。

5. 大堂功能空间设计

大堂功能空间设计是酒店设计中的重要部分，涵盖了多种功能区域，为客人提供各种服务和体验。

（1）大堂入口

大堂入口可采用瓷砖、天然石材等铺地材料。为了防止客人滑倒，应避免使用抛光材料。酒店旋转门室外的一侧可铺设行走垫，对于安装有自动门的门廊，在门与门之间的走道上也可铺设行走垫。空气阻隔室的设计应让客人很方便地进入酒店，无须手动开启门，可以安装旋转十字门或自动滑门。空气阻隔室的大小和设计必须满足残障人士所要求的净高。大堂入口最低天花板的高度为 3.05m。

（2）前台

前台由服务台、前台办公室、监控室、储藏室等组成，有登记、结算、咨询、信息交换、货币兑换等功能。前台作为酒店的核心区域，不仅承载着重要的服务功能，还扮演着展示酒店形象的重要角色。其设计、布局和设施配置都需要精心考虑，以满足客人的需求并提升酒店的运营效率。

前台的位置至关重要。它应该设置在客人进入酒店的主要视线范围内，无论是步行进入还是通过电梯到达一层，都应能轻松看到前台，方便客人办理入住和离店手续。前台的形式可以根据酒店的规模和风格来选择。坐式前台通常更为开敞，便于前台人员与客人进行面对面的交流，提供个性化的服务；站式前台则更加现代和时尚，能够给客人留下深刻的印象。无论是哪种形式的前台，都需要确保服务台面的设计合理，方便前台人员的工作。照明设计也是前台不可忽视的一部分。重点照明能够突出前台的位置，吸引客人的视线。对于工作台面和大堂副理台面的照明设计，需要考虑到工作效率和照明氛围的平衡。

前台办公室的设置也需要考虑到实用性和便利性。它应该直接位于前台后面，方便前台服务人员进行更衣、办公和交接手续等操作。同时，办公室内还需要配备消防、保安和监控系统，以确保酒店的安全和稳定。在现代酒店管理中，安保系统的智能化和人性化也是必不可少的。通过使用现代化的数字技术，建立高效、可靠的安保系统，为酒店的安全保驾护航。

（3）大堂吧

大堂吧是酒店在大堂为客人提供酒水和小食的雅座区。大堂吧也称大堂酒廊或咖啡厅，它完善了大堂的功能配置，使大堂空间层次更加丰富，主要经营茶、咖啡、小吃、快餐等，供客人等候、小憩、餐饮的休闲场所。大堂吧的空间一般为开放式或半开放式，用地面的高低落差形成子空间。城市酒店一般将大堂吧设在临街位置，使大堂吧具有很好的临街景观。

（4）商务中心

商务中心应邻近前台、客梯或接待台，以优化服务效率与员工工作效果，提供票务、复印、打字等服务，并配备先进设施，确保高效运营。

（5）公共卫生间

公共卫生间应便于酒店大堂及附近公共区域客人使用，位置需隐蔽，避免直接暴露于公共视野，男女卫生间门不应正对公共区，宜设在从大堂无法直视且靠近大堂吧的位置。

二、客房设计

住宿作为酒店核心功能，是酒店经营收益的主要来源。客房通常占据酒店建筑总面积的 50%—60%，其设计和经营与酒店经济效益密切相关。客房设计应强调实用性，并融合文化主题与技术要素，同时兼具系统性、功能性、标准性和艺术性，不仅能彰显酒店理念、档次和文化特色，更能为客人营造温馨舒适的居住环境。通过精心规划与设计，可以打造出既美观又实用的客房空间，为客人提供优质的入住体验。

1. 客房类型

酒店客房的设计需要根据市场需求和客人的需求来进行调整和优化。通过提供多样化的客房类型，酒店可以更好地满足不同客人的需求，提升他们的入住体验，进而增强酒店的竞争力和市场地位。

（1）标准客房

标准客房也称普通客房或标准间，是酒店中最基本的客房类型之一。标准客房通常是酒店中价格较为经济实惠的客房类型，预订标准客房相对较为方便，并且一般不受限制。虽然标准客房设施相对简单，但对于那些只需要基本住宿功能，且希望以经济实惠的价格满足基本需求的客人来说，标准客房是一个合理的选择。

（2）豪华客房

豪华客房是酒店高档、豪华的客房类型，相比标准客房，它提供更宽敞的空间、更舒适的床铺和床上用品，以及更多的额外设施，如沙发、大屏幕电视、音响系统等，让客人享受更高品质的入住体验。豪华客房还提供更多的配套服务，如快速办理入住和退房手续、行李搬运服务等，以增加客人的入住便利性和舒适度。豪华客房的风格和装饰通常更精致和豪华，配备高级设施，如水疗浴缸、独立淋浴间、私人阳台等。

（3）套房

套房是酒店中最高级的客房类型，拥有独立的客厅和卧室。套房相比其他客房类型更宽敞豪华，提供更多高级设施和额外服务，如豪华床铺、定制化服务、豪华设施等。它提供个性化服务，隐私性高，适合对住宿要求极高、追求尊贵和奢华的客人入住。（图3-32至图3-35）

（4）亲子房

亲子房是酒店专门为家庭设计的客房类型，适合家庭出行入住。它提供适合家庭的床型组合、家具和设施，如双层床、儿童座椅、储物空间等，让家庭入住更加方便和舒适。亲子房还需考虑孩子的安全问题，配备安全护栏和插座等设施，为家庭提供安全的入住环境。一些亲子房还提供额外的亲子设施，如儿童泳池和亲子活动区，让孩子们在酒店内也能拥有愉快的玩耍时光。

（5）无烟房

无烟房是酒店专门为不吸烟的客人设计的客房类型。这种房型禁止在室内吸烟，并采取空气净化措施，确保房间内空气的清新和无烟味。无烟房通常位于特定的楼层或区域，远离吸烟区域和公共区域，以保持客房内的无烟环境。无烟房的设置满足了对烟味敏感或不喜欢烟味的客人的需求，为他们提供一个清新、舒适的入住环境，让他们能够在无烟的环境中休息和居住。

（6）连通房

连通房是酒店中一种特殊客房类型，由两个或多

图3-32 套房采用灰色地毯，为空间增添了柔和的质感；绿色墙面为房间注入了自然的活力，使其与外部景色融为一体

图3-33 套房内的卫生间经过精心设计和布置，既体现了舒适感又满足了实用性

图3-34 套房内白色的沙发与深色的茶几形成了色彩反差，绿色的墙面为整个空间带来了活力

图 3-35 酒店套房

图 3-36 酒店客房的设计融合了中式元素与现代风格

个客房通过内部门或门廊相连而成。这种房型适合家庭、团体或需要共享房间的客人入住。连通房提供互通性，让客人在房间之间自由出入，同时保持一定的隐私空间。连通房通常提供独立的卫生间和灵活的空间布局，满足不同客人的需求。有些连通房专为家庭设计，提供家长和孩子之间互相连通的房间，以满足家庭出行的需求。连通房为客人提供了更大的空间和便利性，是酒店为家庭或团体提供的更为舒适和灵活的住宿选择之一。

2. 客房功能空间设计

酒店客房设计重在实用，应延续酒店的设计风格，如材料的选择和色彩的搭配等，同时还应遵循安全性、经济性、舒适性等设计原则，一切应"以人为本"。酒店客房设计在突出安全性、舒适性、私密性、便利性的前提下，要根据酒店的整体定位，确定住宿空间特色化的设计方向和设计风格；结合酒店主体建筑结构情况，科学规划客房层在酒店的最佳位置，以及客房在酒店中的合理的面积比例；依据酒店的功能定位和市场需求，规划各类客房不同的功能设置和相关尺度；依据酒店客源情况和客人消费趋向，划定不同类别客房的适合楼层和数量，如标准房、套房、豪华套房、无障碍客房的位置和数量比例；综合考虑酒店投资规模及限定性因素，制订不同类别客房的硬件标准，确定其材料档次和施工工艺。

（1）入口通道

a. 地面最好使用耐水、耐脏的石材，如使用地毯则要选用耐用、防污的，尽可能不选浅色的。

b. 为了节省空间，衣柜通常采用推拉门的设计。推拉门宜用铝质或钢质的轨道，确保开关或滑动的过程中不会产生噪声。

c. 保险箱如在衣柜里不宜设计得太高，以客人完全下蹲能使用为宜。

d. 穿衣镜最好不要设在门上，设计在卫生间门边的墙上为宜。

（2）睡眠区

睡眠区作为客房中最重要的功能空间之一，其设计和配置应当充分体现酒店的用心和关怀。通过提供高品质的床铺和床上用品，以及营造舒适、安静、优质的睡眠环境，酒店能够让客人在旅途中得到充分的休息和恢复，从而留下美好的印象。（图 3-36）

（3）卫生间

酒店客房的卫生间作为重要的配套空间，其设计必须注重浴室的布局、设施、装饰以及功能性等多方面因素。在规划空间时，应充分考虑实用性和舒适性，合理配置淋浴设备和浴缸，同时提供宽敞的洗手盆和台面，以确保卫生间能够满足客人的日常需求。一般而言，卫生间应设置在客房的进门处，虽然空间面积有限，但设备齐全。在设计时，应以方便、安全、易清洁为基本原则，注重人体工程学原理的应用，打造人性化的设计。通过合理的布局和设施配置，满足客人盥洗、如厕、梳洗、沐浴等个人卫生需求，为客人提供更加舒适、便捷的住宿体验。（图 3-37 至图 3-39）

（4）储物空间

储物空间旨在为客人提供便利的存储体验。合理规划衣柜、抽屉、置物架和行李架等储物空间，为客人提供足够的空间来存放衣物、鞋子、行李和个人物品。设计隐蔽的储物空间和客房保险箱，方便客人安全地存放贵重物品和重要文件。通过合理的储物空间设计，酒店可以提升客户的入住体验，让客人在房间内感到方便、舒适和满意。

（5）餐饮区

餐饮区旨在为客人提供一个舒适、温馨的用餐空间。

及咖啡和茶包，方便客人享用咖啡和茶水。

三、餐饮空间设计

酒店餐饮空间作为酒店的重要组成部分，不仅承载着满足客人基本饮食需求的功能，更是商务洽谈、社交聚会等多元活动的场所。其设计的合理性、舒适度和美观性，直接关系到酒店的形象、客人的满意度以及餐饮业务的经营效益。酒店餐饮空间设计需要综合考虑空间布局、照明氛围、装饰布置、菜单展示、厨房设施以及服务流程等多个方面。通过不断优化设计和服务，酒店可以提供更多样化的用餐体验，满足不同客人的需求，从而吸引更多客人光顾餐厅，提升酒店的整体竞争力和经营效益。（图3-40）

1. 酒店餐厅的分类方式

酒店餐饮空间可以按照不同的分类方式进行划分，常见的分类方式如下。

（1）按餐饮类型划分

中餐厅：提供传统的中式菜肴。

西餐厅：提供欧洲、美洲等西方菜肴。

日本料理：提供日本传统料理，如寿司、生鱼片等。

韩国料理：提供韩国传统料理，如烤肉、泡菜等。

（2）按场景和特色划分

主题餐厅：以某个特定主题为特色，如海鲜餐厅、意大利餐厅等。

视觉餐厅：在用餐过程中提供视觉上的享受，如旋转餐厅、海底餐厅等。

花园餐厅：设在花园或户外，营造自然和谐的用餐环境。

环境餐厅：设计和装饰特别考究，强调用餐的氛围和情调。

（3）按服务对象划分

商务餐厅：主要服务商务人士和商务宴请。

家庭餐厅：提供家庭聚餐和休闲用餐的场所。

2. 餐厅功能空间设计

（1）中餐厅

中餐厅在我国酒店餐饮空间中占有很重要的位置。中餐厅以品尝中国菜肴、领略中国传统文化为目的，所以在中餐厅的设计中常运用中国传统的建筑元素符号进行装饰。在现代酒店设计中运用中式元素时，要讲求简约、素雅，不要过于复杂、烦琐、奢华，追求素雅含蓄和不露声色。中式餐厅常见的分隔形式有门罩、碧纱橱、

图3-37 卫生间白色大理石墙面与台面浑然一体的设计，营造出既高雅又舒适的卫生间环境

图3-38 深色的台面为卫生间增添了一丝高贵感

图3-39 卫生间采用通透的玻璃元素，为整个空间引入了通透感

餐饮区设计不仅要满足客人的基本用餐需求，还要为客人提供舒适、温馨的用餐环境，从而提升他们的用餐体验。例如，可以在餐饮区设立小型冰箱、微波炉或热水壶等设施，方便客人储存和加热食物；提供咖啡机、茶壶以

图 3-40 酒店餐饮空间

图 3-41 吊灯的设计充满了中式的元素，呼应着餐厅的文化氛围；玻璃墙面将室内与室外环境自然地融合在一起

图 3-42 典雅的中式风格贯穿整个餐厅的设计

屏风等，多为通透或半通透的形式，很少采用完全隔断构件，借以留出供人们相互观望的空间，进而达到一种心理上的共享共融。设计时应在空间中创造出虚实围合、彼此交错、穿插、共享、借景等效果，运用过渡、指示、回应等手法，做到隔而不断，既可丰富空间的文化内涵，又可增强空间的装饰效果。根据客源情况，中餐厅要设置一定数量的雅间或包房。中餐厅的设计要点包括以下几个方面。（图 3-41、图 3-42）

a. 中餐厅的设计应以传统中式装饰为主，如中国传统的木质家具等，营造出具有中式特色的用餐氛围。

b. 餐桌和座椅的设计应舒适合宜，尽量采用圆桌。餐椅也应选用符合人体工程学的设计，保证客人用餐的舒适度。

c. 中餐厅的装饰和布置应以中国传统元素为主，如中国画、雕刻等，以增加中式文化氛围。

d. 餐厅各区域划分应合理，一般由入口处、吧台、就餐区域、包间、通道、厨房等部分组成。

e. 餐厅应设计一份吸引人的菜单，中餐厅则可以采用书法或绘画等形式展示特色菜品，增加客人的用餐兴趣。

（2）西餐厅

西餐厅不仅是一个品尝美食的地方，更是一个集社交、娱乐、休闲于一体的综合性场所。随着市场需求的多样化，星级酒店为了满足不同顾客的口味和文化体验需求，纷纷设置了各类不同的西餐厅。这些餐厅不仅提供了法式、意大利式等各具特色的美食，更在餐厅设计上融入了各自的文化背景，为顾客带来全方位的用餐体验。通过合理的布局和装饰设计，为顾客提供了丰富多样的用餐体验。西餐厅的装饰特点体现在其异国情调、人文气息以及灵活丰富的装饰理念上，装饰风格包括欧美的古典风格、自然清新的乡村田园风格以及现代主义风格、高技派风格等。（图 3-43 至图 3-46）

西餐厅的设计注重现代感和精致感，旨在打造时尚、舒适、愉悦的用餐环境，其设计要点包括以下几个方面。

图 3-43 酒店西餐厅

a. 餐桌和座椅的设计应注重舒适性和美观性，通常使用方桌或长方桌。座椅可以采用皮质或布质的高背椅，高背设计能为客人提供更好的支撑，让客人在用餐时感到舒适、放松。

b. 西餐厅的照明设计应明亮而柔和，为用餐环境创造轻松愉快的氛围。常用的照明装置包括吊灯、壁灯和落地灯等。

c. 西餐厅的装饰应简洁大方，避免过多的装饰，突出现代感和精致感。墙面可以使用现代装饰画进行装饰，增加空间的美感和艺术气息。

d. 根据不同的用餐场合和客人需求，可以设置不同的用餐区域，如家庭用餐区、商务用餐区、包间等。

e. 选择高品质的西餐餐具和陈设，为客人提供舒适的用餐体验。

（3）宴会厅

宴会厅是酒店专门用于举办大型宴会、婚礼、庆典、会议、展览和其他社交活动的场所。为了提高宴会厅的使用效率，除了承办大型宴会外，其还兼做多功能厅，提供国际会议、展览等用途。通过合理的空间规划、装饰和照明设计以及高品质的设施和服务，宴会厅可以满足不同客人的需求，提供优质的宴会体验，同时也成为

图 3-44 酒店自助餐厅

图 3-45 酒店餐饮空间

图 3-46 温馨典雅的用餐环境

图 3-47 酒店宴会厅

图 3-48 宴会厅中独特的灯光设计

酒店的特色与亮点。宴会厅的设计要点包括以下几个方面。（图3-47、图3-48）

a.合理规划宴会厅的空间布局，根据不同活动的需要设置不同的座位布局和舞台布置，确保客人在活动中有足够的空间和舒适的环境。

b.宴会厅的装饰应根据不同活动的主题和需求来设计，可以通过运用鲜花、灯光等装饰元素来营造节日氛围和庆祝气氛。

c.宴会厅通常需要配备舞台和音响设备，以便于举行各种表演、演讲和音乐演奏等活动。

d.宴会厅的照明设计应根据不同活动的需要，合理调整照明效果，营造适合不同场合的氛围。

（4）视觉餐厅

酒店视觉餐厅旨在为客人提供一个独特的用餐体验，通过独特的装饰、灯光和科技应用，让客人在用餐过程中能够享受到视觉上的愉悦和震撼。视觉餐厅通常会成为酒店的一大特色，吸引更多客人光顾，提升客户满意度，并增加酒店的竞争力。酒店视觉餐厅的设计要点包括以下几个方面。（图3-49）

a.确定餐厅的主题和概念，如未来科技、自然生态、艺术创意等，确保餐厅的设计和氛围与主题相符。

b.采用独特的装饰和布置手法，巧妙地融入艺术品、装饰画、雕塑等多样化元素，营造出独特的艺术氛围，从而让客人在用餐时能够享受到视觉上的愉悦。

c.灯光设计在视觉餐厅中尤其重要，可以通过采用灯光投影、灯光变幻等特殊效果营造出独特的视觉效果。

d.借助前沿科技手段，如虚拟现实技术、互动投影等，为客人打造更加震撼且沉浸式的视觉体验。

图 3-49 酒店视觉餐厅

e. 融入特殊的音乐和声音效果，为客人创造出更加综合的感官体验。

四、健身娱乐空间设计

现代酒店除了提供客房、餐饮、宴会、会议等基础服务以外，健身娱乐成为其配套服务中最重要的组成部分。酒店健身娱乐空间的设施要根据酒店的等级规模、所处的地理环境来配置。一家设备完善的酒店一般有游泳池、健身房、桑拿洗浴中心、酒吧、网球场、台球室、壁球馆、保龄球馆、KTV 等。不同类型的酒店对健身娱乐设施的要求也有所不同。例如，商务观光型的酒店以健身为主，多设有游泳池、健身房、台球室等。在设计健身娱乐空间时，酒店设计师需要深入理解并把握其背后的精神需求，通过巧妙运用各种装饰语言和材料，准确地传达出设计意图。

1. 游泳池

游泳池通常分为室内游泳池与室外游泳池两种类型。在整体设计上，游泳池应追求美观大方的外观、开阔的视野。游泳池四周应设置溢水槽，池底应配备低压防爆照明灯并铺满瓷砖。游泳池还应配备完善的配套设施，包括男女更衣室、沐浴间和卫生间等，以满足客人的基本需求。游泳池的路线设计应遵循客人的使用顺序，即更衣、沐浴、游泳以及再次沐浴、更衣，确保客人能够顺畅、舒适地享受整个游泳过程。（图 3-50、图 3-51）

（1）室内游泳池

室内游泳池的温度可以调节，通常不受季节、气候的影响。室内游泳池的造型一般较规整，其周围设有供休息的座椅或躺椅。

（2）室外游泳池

室外游泳池的温度受气候的影响，因此其更适宜地处热带、亚热带地区的酒店使用。室外游泳池边通常设有遮阳的太阳伞、舒适的座椅或躺椅，以及各种大型的盆栽。

（3）室内外两用游泳池

室内外两用游泳池一般分为两种：一种是天棚自动开启、关闭的游泳池，根据季节的变化而变换；另一种是以玻璃幕墙进行分隔的游泳池，幕墙的一边是室内游泳池，另一边是室外游泳池，客人根据需要可以自动跨越。

2. 健身房

健身房是酒店客人进行健身锻炼的区域。这个区域通常配备各种健身器械，为客人提供全面的健身锻炼机会。健身房的设计应注重刚柔并济，既要展现健身运动的刚健之美，又要通过柔美的设计元素为空间增添温暖与舒适感。健身房应在有限的健身空间里为客人提供较多的设备，一般情况下有氧和力量的健身器械均需配备。在设计和规划健身房时，酒店设计师应充分考虑客人健康与安全、舒适环境等多个方面的因素，为客人打造一个既安全又舒适的健身环境。健身房的设计要点包括以下几个方面。（图 3-52、图 3-53）

（1）器械设施

健身房应该配备各种有氧器械和力量器械，如跑步

图 3-50 酒店游泳池

图 3-51 顶部的金属装饰是整个游泳池区域的一大亮点，为整个空间增添了一抹现代与奢华的氛围

图 3-52 酒店健身房内设备齐全，摆放着各种各样的现代健身器材

图 3-53 大面积的玻璃窗让室内外空间融为一体，营造出开放和通透的健身环境

机、动感单车、椭圆机、哑铃、杠铃等，满足不同客人的锻炼需求，让客人可以进行全面的身体锻炼。

（2）空间布局

健身房的空间布局要合理，保证器械之间有足够的间距，这样客人在锻炼时就不会相互干扰。同时，还应预留出足够的空间，以满足客人进行自由运动的需求。

（3）通风系统

健身房的通风系统须保持高效运转，确保空气流通，从而保持室内空气的清新，为客人提供舒适的锻炼环境。

（4）安全设施

健身房应设置必要的安全设施，如安全提示牌等，同时还应配备急救箱，为客人营造安全可靠的健身环境。

（5）照明设计

健身房的照明要明亮而柔和，营造舒适的运动氛围。通过巧妙地将自然光线和温暖的灯光相结合，为客人营造舒适宜人的锻炼环境。

3. 桑拿洗浴中心

酒店的桑拿洗浴中心作为四星级、五星级酒店不可或缺的休闲场所，其洗浴设施完备，集洗浴、按摩、休息等功能于一体，旨在为客人打造舒适惬意的休闲空间。

在洗浴设施方面，中心提供了冲浪浴、坐浴、淋浴等多种选择，同时还设有中式按摩、日式按摩、泰式按摩等多种按摩房。酒店的桑拿洗浴中心分为男宾区和女宾区，可通过巧妙的设计为男女宾客提供明确的分流导向，使宾客能够轻松找到适合自己的区域。酒店桑拿洗浴中心的设计要点包括以下几个方面。（图 3-54）

（1）空间规划

合理规划桑拿洗浴中心的布局，确保空间足够宽敞，并划分为不同的功能区，如桑拿房、淋浴区、休息区等，确保客人在使用时有足够的私密空间。

（2）照明设计

桑拿洗浴中心的照明要柔和，避免刺眼的强光。通过使用间接照明或特殊设计的灯具，营造舒适宜人的氛围。

（3）通风系统

桑拿洗浴中心需要提供良好的通风系统，确保室内空气流通，以排除湿气和汗液的蒸汽，从而保持空气清新。

（4）安全设施

桑拿洗浴中心应设置必要的安全设施，如安全提示牌等，同时还应采用防滑地板设计及配备急救箱，为客人营造安全可靠的洗浴环境。

4. 酒吧

酒店内的酒吧是客人交流和娱乐的一个重要空间，其空间装饰应精心设计，力求营造一种轻松愉悦的氛围。这一场所旨在为客人提供丰富多彩的娱乐体验，让他们在轻松自在的环境中畅谈交流，享受精神上的满足与愉悦。根据酒吧在酒店中的位置可分为空中酒吧、窖式酒吧、泳池酒吧。酒吧的功能区一般包括入口、吧台、门厅、接待处、衣帽储存处、酒水展示和储存区、用餐区、小型舞池、卫生间等。酒吧设计应注意以下几个方面。（图 3-55、图 3-56）

（1）入口

酒吧入口装饰性要强，应最大限度地吸引过往客人的目光，同时还应兼具指引导向的作用，引导客人顺畅地进入酒吧。

（2）吧台

吧台的设计注重样式和材料的选择。酒店设计师在设计吧台时应充分考虑其视觉效果，以及能够突显酒吧特色的装饰元素。这些元素将直接影响酒吧的整体视觉效果和客人的感受。

（3）照明设计

酒吧的照明设计注重层次感，要为不同区域选择恰当的照明方式,可以通过吊灯、台灯、灯带等照明工具来营造不同的氛围。

（4）酒水展示和储存区

酒吧区域应设置合理的酒水展示和储存区域,以便顾客能够轻松浏览并挑选心仪的酒水,同时也方便员工高效地进行存取操作。

（5）用餐区

酒吧内应设计充足的座位和用餐区域,以满足顾客多样化的就餐需求。在座位设计上,可以选择高脚椅、吧台座位等不同类型的座位,以满足不同顾客的喜好和需求。

图 3-54 SPA 空间在中性色彩的装饰下显得安静

图 3-55 酒吧昏暗的灯光营造出一种独特的氛围和体验,给客人带来独特的社交氛围和放松的环境

图 3-56 酒吧的落地玻璃增强了室内的明亮和视觉效果

实训练习

1. 实训内容

自行选择一个实际酒店项目，对其功能分区进行分析。

2. 实训要求

（1）结合实际案例的功能分区进行分析。

（2）提出合理性的改进意见。

（3）字数不少于 2000 字，图文并茂，打印在 A4 纸上。

第四章

酒店室内设计与装饰

第一节　酒店室内设计要素、原则与风格

第二节　酒店室内装饰元素和材料

第三节　色彩与照明的运用

教学目标

1. 理解室内设计的基本原则与风格选择，使学生具备对不同设计风格的明晰选择能力。
2. 掌握室内装饰元素和材料的选择与运用，使学生具备选择室内装饰元素和材料的能力，能够在设计中进行合理搭配和应用，从而创造出既符合审美要求又具备实用功能的室内空间。

教学重难点

重点：

1. 室内设计基本原则：突出学生对室内设计基本原则的深刻理解，注重培养学生灵活运用室内设计基本原则解决实际设计问题的能力。
2. 风格选择与应用能力：强调学生在设计中具备选择适合酒店风格的能力，培养学生在实际案例中掌握酒店设计的风格，并在实际设计中巧妙运用。

难点：

1. 色彩与照明的合理运用：引导学生深化对室内设计中色彩与照明的理解与应用，培养学生深入探索并掌握如何运用色彩与照明，以达到理想的设计效果。
2. 创新思维的运用：强调学生需要具备创新思维，鼓励学生挑战传统，使其设计既能符合功能性，又能展现独特创意。

第一节　酒店室内设计要素、原则与风格

一、酒店室内设计要素

酒店室内设计元素丰富多样，包括比例与平衡、色彩与光线、材质与质感等，每个元素都为酒店的整体氛围和风格增添了独特的魅力。设计师需要综合考虑这些元素，以打造出既美观又实用的酒店空间，为客人带来舒适和愉悦的体验。

1. 比例与平衡

比例与平衡是酒店室内设计中的重要元素之一，对于塑造视觉和谐与空间美感至关重要。在运用比例关系时，设计师需要调控不同元素的大小关系，确保它们相互协调，避免产生任何视觉上的不适。而平衡的实现则依赖于元素在空间中的均衡分布，可以是对称布局，也可以是不对称布局。在设计的过程中，正比例和黄金分割等美学原理的运用也发挥着重要作用，这些原理可以帮助设计师构建空间的整体美感。此外，空间分配同样需要注重比例与平衡。设计师

需要综合考虑各个区域的大小和位置比例，确保它们既符合功能需求，又能与整体空间保持协调一致。在材质和颜色的选择上，设计师同样也需要考虑比例与平衡的元素。通过对比和变化的运用以及视觉平衡的实现，可以创造出舒适、和谐的环境，提升空间的品质和吸引力。比例与平衡贯穿于整个设计过程的始终，为打造舒适、美观的室内空间提供了有力的支撑。

2. 色彩与光线

色彩与光线在塑造空间氛围和视觉效果上发挥着重要的作用。色彩的选择和搭配直接影响人的情绪和感受，设计师需要根据空间的用途和目标，选取适合的色彩方案，创造出温馨、和谐的氛围。此外，光线的运用也很关键，自然照明和人工照明的结合可以创造出不同的明暗效果和焦点。照明设计不仅能满足功能性，也能作为装饰元素，增添空间的美感和个性。通过色彩与光线的合理运用，设计师可以为酒店创造出令人印象深刻的视觉效果，从而提升客人的入住体验。（图4-1）

3. 材质与质感

材质与质感在酒店室内设计中扮演着重要角色，直接影响着空间的美感、舒适度和品质感。选择适合的材质能够为设计赋予特定的风格和氛围。质感则是人们对材质外观和触感的感知，通过光滑、粗糙、柔软等不同的质感，可以产生不同的触感和体验。高品质的材质选择能够提升空间的整体品质感，同时也需要考虑材质的功能性，以满足实际使用需求。通过材质与质感的综合运用，设计师可以创造出丰富多样、具有独特风格的室内环境，从而提升客人的视觉和触感体验，增加空间的品质感和吸引力。（图4-2）

二、酒店室内设计原则

掌握酒店室内设计的基本原则，设计师能够更精确地打造出既符合酒店品牌形象，又能满足用户需求的室内空间，从而提升酒店的整体品质和竞争力。（图4-3、图4-4）

1. 实现功能性

功能性是酒店室内设计的首要目标。酒店合理的布局和设计不仅有助于满足用户的实际需求，还可以提供舒适的使用体验。为了实现功能性，设计师需要在规划过程中综合考虑多个因素。

首先，要明确酒店内各个区域的功能定位，如大堂的迎宾与接待功能、客房的休息与睡眠功能、餐厅的用

图4-1 精心悬挂的装饰画成为焦点，为前台区域增添了一抹绚丽的色彩

图4-2 褐色的木制墙面与浅色的沙发营造出温馨的色彩氛围

图 4-3 酒店大堂的公共区域

图 4-4 酒店套房的接待空间

餐与聚会功能等,确保设计能够精准匹配不同区域的实际需求。合理规划布局各区域空间至关重要。通过巧妙安排家具和设备的摆放,确保空间内的通道宽敞通畅,方便客人在不同功能区域间移动。同时,也要充分考虑通风和照明对空间舒适度的影响,确保空气流通顺畅、照明充足均匀,为客人营造出舒适宜人的室内环境。其次,人性化设计是实现功能性的关键一环。设计师需要深入了解客人的行为习惯和需求,据此设置合适的空间细节。例如,在大堂中设置足够的插座供客人充电使用,在客房内设置宽敞舒适的工作区方便商务人士办公等。最后,隐私和安全也是不容忽视的重要因素。设计师需要在设计中充分考虑客人对隐私的需求,确保在需要隐私的区域能够提供足够的保护措施。同时,也要确保紧急出口和安全设施的完善,为客人提供安全可靠的住宿体验。

2. 强调美观性

美观性在酒店室内设计中占据着重要地位,它不仅是设计的亮点,更是提升客人体验的关键因素。设计师应通过精心构思与巧妙装饰,力求打造出一个既赏心悦目又引人入胜的空间环境。(图 4-5 至图 4-7)

图 4-5 拱门的设计为空间增添了一分独特的艺术韵味

图 4-6 独特的墙面造型使空间得以延伸

首先，选择合适的色彩和材质是营造美观空间环境的基础。通过搭配和协调不同的色彩，可以创造出丰富的视觉效果，营造出温暖、清新、高雅的氛围；选择质感丰富的材质，如木材、石材、织物等，可以增加空间的层次感和触感，提升美感。其次，合适的家具和装饰品可以为空间增添美感。选择具有独特设计和高品质的家具，使空间更具个性和品位；精心挑选的装饰品如挂画、艺术装置等，也能够为空间增色不少。最后，照明设计及整体布局和比例在营造美观的空间环境中也扮演着重要角色。合理的照明可以突出空间的重点和细节，提升整体的舒适感；规划不同功能区域的位置，保持整体的平衡与和谐，能使空间呈现出美感和统一性。另外，还需要综合考虑目标客户群的喜好和品位，以及酒店的品牌定位。通过深入分析这些因素，设计师能够做出更为准确的决策，创造出与酒店品牌形象高度一致既美观又实用的室内空间。

3. 创意与实用相结合

实现功能性和美观性的平衡需要设计师在创意和实用之间找到最佳的结合点。创意的设计可以为酒店带来独特性和差异化，但同时要保持其实用性，确保设计不

图 4-7 酒店用餐区的吊灯成了空间的亮点之一，独特的设计为就餐环境增添了一抹独特的韵味

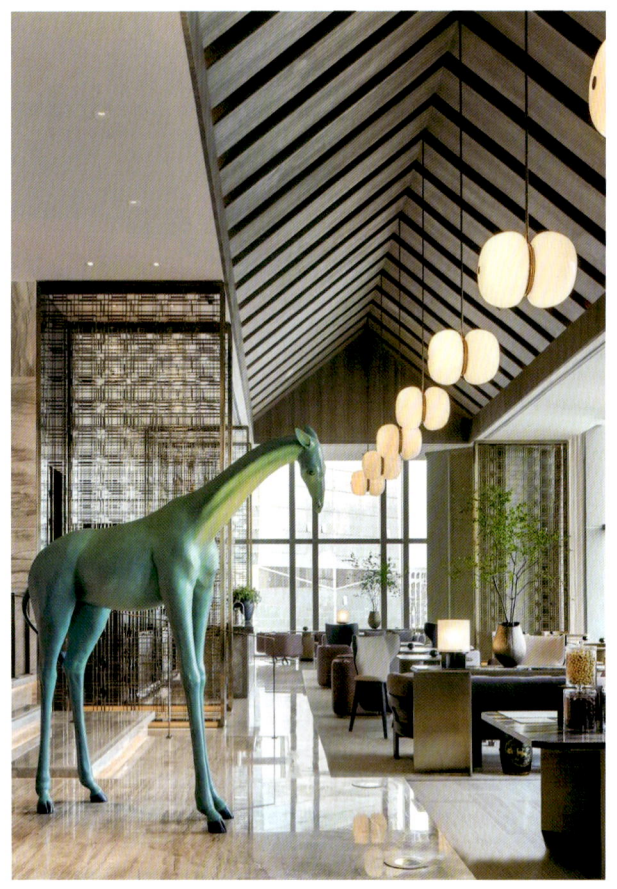

图 4-8 精美的装饰雕塑成为空间视觉焦点之一，为空间增添了艺术氛围

图 4-9 与众不同的天棚造型，不仅在形态上别具一格，更在材料和工艺上实现了创新

会影响用户的舒适和便利。（图 4-8、图 4-9）

首先，创意的设计元素可以为空间增添独特性和个性。通过引入独特的材质、形状、色彩等创意元素，可以创造出与众不同的空间环境，吸引用户的眼球。其次，创意必须与实用功能相结合，确保设计能满足用户的实际需求。设计师需要在融入创意的同时，保持对空间功能性的关注，确保用户可以舒适、高效地使用空间。最后，还需充分关注目标客户群的行为习惯以及酒店的品牌定位。通过巧妙地融入创新理念，确保空间既实用又富有创意。

4. 突出品牌一致性

酒店环境的营造应与酒店的品牌形象和价值观保持一致。通过融入品牌元素如标志、颜色、图形等，可以创造出与品牌形象相符的连贯体验。酒店的室内设计应反映其品牌价值观和文化，同时确保风格、色彩和图形等达到和谐统一，以增强品牌识别度和客人的情感认知。通过保持品牌的一致性，酒店能够为客人创造出与品牌形象相契合的服务体验，在市场竞争中凸显独特性，吸引更多客人的关注和推荐。

5. 融入可持续性

可持续性在酒店室内设计中日益重要，它不仅关乎环境保护，更涉及社会和经济方面的影响，旨在创造出更加环保和健康的室内环境。通过选择环保材料、节能设计、水资源管理、室内空气质量保护等策略，酒店可以降低对环境的负担，提升客人的舒适感和健康体验。将可持续性理念融入酒店室内设计，不仅对环境友好，也有助于提升酒店的品牌形象和客户满意度。

三、酒店室内设计风格

酒店室内设计风格是基于整体设计理念和装饰元素的一种特定表现形式，旨在创造出独特的空间氛围和体验。不同的设计风格展现出不同的情感、文化和美学理念，能够与不同酒店的定位、目标客户和品牌形象相契合。每种风格都有其独特的特点和风貌，因此设计师在选择合适的风格时，需要综合考虑酒店的定位和目标受众。

1. 常见的酒店室内设计风格

（1）现代风格

现代风格强调简洁、干净的线条和几何形状，注重功能性和实用性。这种风格通常采用中性色调和开放式布局，搭配现代化的装饰品和简约的功能性家具，营造出时尚又舒适的氛围。现代风格的特点包括以下几个方面。

a. 简洁的线条和形状。现代风格的家具和装饰物通常具有清晰的轮廓和线条，没有过多的复杂装饰。（图4-10）

b. 中性色调。现代风格常采用中性的色调，如白色、灰色、黑色等，营造出干净、明亮的空间感。（图4-11）

c. 开放式布局。现代风格倾向于开放式的布局，以增加通透感和空间流动性，从而让室内空间显得更为宽敞。

d. 抽象的艺术品和装饰品。现代风格中常用抽象的艺术品和装饰品进行点缀，为空间增添独特的艺术感。

e. 功能性家具。现代风格强调功能性，家具常具备实用性和舒适性，同时兼具简约的外观。

（2）传统风格

传统风格追求经典、优雅的氛围，通常使用浓郁的色彩和精致的家具。这种风格注重细节和装饰，可以创造出充满历史文化韵味的空间。传统风格的特点包括以下几个方面。

a. 精致的细节。传统风格注重细节和装饰，常运用花纹、雕刻、壁画等元素来营造华丽的氛围。

b. 暖色调。传统风格通常采用暖色调，如棕色、金色、红色等，为室内环境营造出温馨舒适的氛围。（图4-12、图4-13）

c. 木质家具。传统风格常使用木质家具，如雕花椅子等，以增加空间的典雅和质感。

d. 古典图案。传统风格常运用花卉、藤蔓等古典图案元素于装饰品、家具和织物上。

e. 精美的窗帘和窗框。传统风格的窗帘通常采用华丽的面料和图案，窗框和装饰也雕刻得非常精美。

f. 对称布局。传统风格常使用对称布局，以创造出平衡和规整的空间感。

（3）艺术装饰风格

艺术装饰风格是一种强调艺术性、独特性和个性化的室内设计风格，常常融合多种艺术元素和装饰品，营造出充满创意和魅力的空间氛围。艺术装饰风格的特点包括以下几个方面。

图4-10 简约的装饰画不仅起到了装饰作用，也为通道赋予了独特的个性和风格

图4-11 白色的餐椅和餐凳与大理石地面相互映衬，营造出清新明亮的用餐环境

图4-12 传统风格酒店的用餐区

图 4-13 暖色调的酒店套房

图 4-14 装饰画的材质和色彩与周围环境相协调,为墙面注入了一分独特的个性和美感

a. 独特的装饰。艺术装饰风格强调独特性和个性化,常使用独特的家具、装饰品、艺术作品等,创造出别具一格的空间环境。(图 4-14、图 4-15)

b. 多样的材质。艺术装饰风格常运用不同的材质,如木材、金属、玻璃、石材等,以增加空间的层次感和质感。

c. 装饰艺术品。艺术装饰风格常使用绘画、雕塑、摄影等艺术品,营造出具有艺术氛围的空间环境。

d. 富有表现力的色彩。艺术装饰风格可以使用富有表现力的色彩,如鲜艳的颜色、对比明显的色彩组合等,以增强空间的视觉效果。

e. 创意的灯光设计。艺术装饰风格通常采用具有创意的灯光设计,以突出重点区域和艺术品。

(4) 欧式风格

欧式风格的酒店室内设计追求奢华、典雅和精致的氛围,通过细致的装饰、华丽的细节和古典的元素,为客人创造出一种与众不同的住宿体验。欧式风格的特点包括以下几个方面。

a. 华丽的细节。欧式风格注重精致的细节和装饰,如精雕细琢的壁画、镶嵌的花纹、繁复的雕刻等,为空间增添奢华感。(图 4-16、图 4-17)

图 4-15 艺术装饰风格的酒店大堂

b. 复古家具。欧式风格常使用复古的家具，如弯曲的椅子、雕花的桌子等，强调古典的风格和氛围。

c. 金属和石膏装饰。欧式风格常使用金属、石膏等装饰元素，如吊顶、壁炉、柱子等处，为空间增加质感和华丽感。

d. 浓郁的色彩。欧式风格常使用深色和浓郁的色彩，如红色、金色、紫色等，以营造典雅的氛围。

e. 古典的图案。欧式风格常使用如卷草纹、花朵纹等古典的图案于墙纸、窗帘和家具上。

f. 璀璨的吊灯。欧式风格常使用璀璨的吊灯和华丽的灯饰，为空间增添光彩和视觉重点。

2. 著名酒店室内设计风格

下面以希尔顿酒店、ACE 酒店为例，探讨不同品牌酒店的室内设计风格和特点。

（1）希尔顿酒店以其多样化的酒店风格、卓越的服务和遍布全球的网络，成为全球旅客信赖和喜爱的品牌之一。希尔顿华尔道夫酒店作为希尔顿品牌旗下的一颗璀璨明珠，以其匠心独具的室内设计风格展现了其豪华与精致。酒店内部设计深谙传统欧式装饰的精髓，从熠熠生辉的华丽吊灯，到典雅华贵的家具摆设，再到厚重而质感十足的窗帘，以及精致细腻的雕花壁画，每一处细节都经过了精心雕琢与打磨，无一不流露出历史的深厚底蕴与皇家的尊贵气息。相较之下，希尔顿酒店的普通分店则更侧重于现代感和舒适性的营造，通常采用简洁而时尚的家具设计，搭配中性色调的装饰，为商务出差的旅客和休闲度假的游客提供了一处温馨而宜人的休憩之地。

（2）ACE 酒店是专为年轻群体和艺术文化爱好者打造的时尚品牌，以现代工业风格为设计基调，强调原始材料质感和独特装饰，打造创意活力空间，让旅客感受别样艺术魅力。例如，ACE 酒店洛杉矶分店运用工业元素如裸露砖墙、金属家具、混凝土地板和个性壁画，打造出现代、时尚的氛围。ACE 酒店经常在设计中融入当地艺术家的作品，以及有趣的文化和创意元素，为年轻的旅客提供独特的住宿体验。

这两家酒店展现了截然不同的室内设计风格：希尔顿酒店以豪华与经典的设计风格为特色，凸显其尊贵与典雅的品牌定位；而 ACE 酒店则侧重于现代工业风格与艺术文化的融合，打造富有创意与活力的住宿体验。这些独特的设计风格均成功地为各自的目标客户群体创造出了难以忘怀的酒店体验。

3. 酒店室内设计融合风格

酒店室内设计融合风格赋予了设计师更大的创作自由度，允许他们从不同的风格和元素中汲取灵感，从而打造出富有创意和个性的室内环境。设计师通过将不同风格的设计元素

图 4-16 欧式风格酒店宴会厅

图 4-17 欧式风格酒店餐饮空间

巧妙地结合在一起，为酒店创造出令人印象深刻的独特魅力，从而提供与众不同的住宿体验。这种设计风格可以使空间更具吸引力，满足不同客人的需求，以及反映酒店的独特品牌形象。实现融合风格可以从以下几个方面着手。（图 4-18 至图 4-21）

图 4-18 红色墙面的装饰搭配上华丽的吊灯，呈现出典型的欧式风格

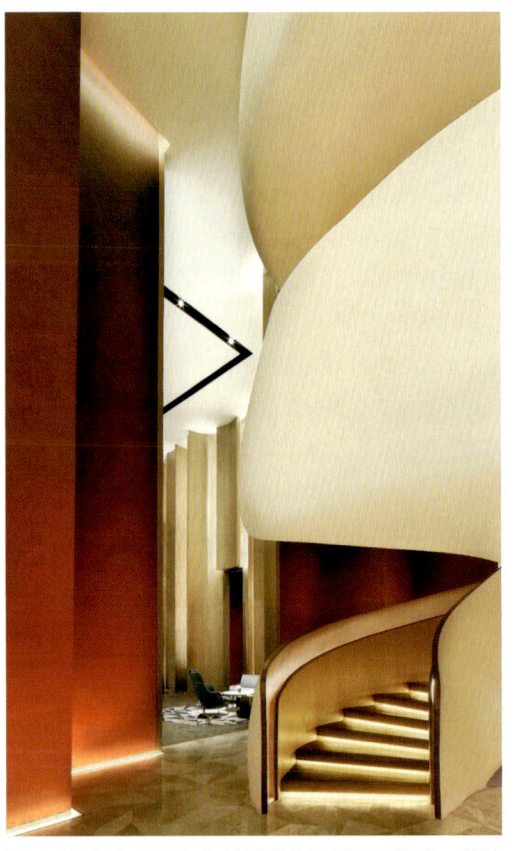

图 4-19 红色墙面与旋转楼梯的造型相互呼应，营造出独特的设计感和动感

图 4-20 酒店公共空间中设置了金色的屏风隔断，为整体设计增添了华丽和奢华的氛围

（1）明确主题和定位

在酒店设计中，明确主题和定位是创造独特和引人注目的室内环境的基础。主题是设计的灵魂，它赋予空间特定的情感、故事和氛围。通过明确主题，设计师可以更准确地选择需融合的风格，使其能够更好地表达所要呈现的概念。同时，定位也是不可忽视的因素，它决定了酒店所吸引的客户群体和市场定位。在主题和定位明确之后，设计师可以更有针对性地选择合适的元素、颜色、材质等，创造出令人印象深刻的酒店室内环境。

（2）选择共通元素

选择共通元素是创造统一和谐感的重要方法。通过在不同风格中引入共通元素，可以将多样的风格融合在一起，创造出独特而统一的设计效果。这些共通元素包括颜色、材质、图案、家具样式等，它们能起到连接不同风格的纽带作用。例如，可以选择一个特定的颜色调色板，在不同的风格中都运用这些颜色，从而在整个设计中保持一致性。同时，共通元素的使用也能强调整体设计的核心概念，有利于传达酒店的主题和定位。然而，在选择共通元素时需要谨慎，要确保这些元素不仅符合设计的目标，还能够与不同风格相协调。通过精心的筛选和组合，设计师可以创造出令人赞叹的融合风格，将多元的风格元素融汇成独一无二的空间体验。

（3）平衡比例和色彩

平衡比例和色彩是确保不同风格融合和谐的关键要素。融合设计的过程中，往往涉及不同风格的元素，因此需要注意平衡不同元素的比例和色彩，以达到整体设计的和谐与统一。

首先，平衡比例是确保各种风格元素在空间中分配恰当的重要手段。如果某个风格的元素占据过大的比例，可能会导致其他风格的元素显得不足或受到压制。设计师应该根据设计的主题和目标来合理分配不同风格元素的比例，使它们相互协调、相辅相成，营造出视觉上平衡的效果。

其次，色彩在融合风格设计中同样至关重要。不同风格会有不同的色彩偏好和情感表达，但过于鲜明和冲突的色彩组合会破坏整体的和谐。设计师需要选择适合融合主题的色彩，并将其巧妙地运用于不同风格元素中，以创造统一而不失个性的色彩调和。

（4）结合当地文化和特色

结合当地文化和特色是创造独特魅力和个性化的关键要素。融入当地文化和特色不仅能够增加地域感，还能够为酒店设计注入一种深厚的情感和独特的氛围。通

图 4-21 酒店的公共空间中设计了装饰性很强的吊灯，为整体空间增添了独特的艺术氛围

图 4-22 在餐厅的设计中，采用了当地的植物作为吊顶装饰，营造出自然与环保的氛围

过将当地元素融入设计中，酒店可以为客人提供更加丰富的体验，让他们感受到真正地道的地方魅力。（图 4-22 至图 4-24）

图4-23 酒店公共空间中的棕榈树为空间增添了独特的自然元素

图4-24 将当地的植物作为装饰元素融入其中，增添了自然的触感和生机

  结合当地文化和特色的设计策略可以体现在多个方面，如装饰、家具、艺术品及色彩等。设计师可以从当地的历史文化、传统风俗、生活习惯等方面获取灵感，将其融入室内设计中。例如在海滨度假酒店的设计中，设计师可以采用当地海洋元素、民族图案等作为装饰，营造出浓厚的海滨文化氛围。这样的设计手法不仅能够增加地域感，还可以为客人提供一个与众不同、充满故事性的入住体验。

  结合当地文化和特色的设计不仅能够增加酒店的吸引力，还能够帮助酒店与当地社区建立更紧密的联系，增加社会认同感。同时，这种设计手法也能够为酒店创造出独特的品牌形象，吸引更多的客人前来体验。

  综上所述，结合当地文化和特色是融合风格设计中重要的一环，它能够为酒店创造出独特、个性化和富有情感的室内环境，提升客人的满意度和回头率。

第二节　酒店室内装饰元素和材料

一、装饰品和艺术品

酒店作为旅游和接待行业的重要组成部分，其品牌形象和定位对于吸引客户、提升竞争力具有至关重要的作用。在这个背景下，装饰品和艺术品作为酒店内部环境的重要构成元素，不仅为空间增添了美学价值，更成为传达品牌理念、塑造品牌形象的有效手段。

酒店通常有自己独特的品牌形象和定位，通过选择与品牌形象相符合的装饰品和艺术品，可以增强酒店的品牌认知度和品牌价值，打造独具特色的品牌形象。壁纸、挂画和艺术装置作为常见的装饰品和艺术品，各自具有独特的特点和作用，它们不仅能为空间增添丰富的色彩和个性，更能营造出独特的氛围，展现艺术的魅力。（图4-25）

1. 壁纸

壁纸是一种贴在墙面的装饰材料，其有丰富多样的图案、颜色和纹理，适用于不同风格的酒店。壁纸颜色和风格应与酒店整体风格相协调，无论是色彩的搭配还是风格的设定，都应当与酒店的整体设计理念相契合。在酒店设计的过程中，设计师通过巧妙地运用壁纸，不仅能够显著增强空间的视觉效果，更能营造出多种独特的主题氛围，如现代简约、复古经典、浪漫唯美等，每一种主题氛围都能通过巧妙搭配不同图案和颜色的壁纸得以完美呈现。此外，壁纸应选用优质环保型壁纸，这类壁纸不仅符合环保标准，能够确保空间的健康与安全，更因其出色的防潮、耐磨等性能，而具备长久保持美观与耐用的特质。

2. 挂画

挂画是一种悬挂在墙面的艺术作品，涵盖了绘画作品、摄影作品或印刷品等。选择具有艺术价值和独特美感的挂画，可以为酒店空间增添艺术氛围，营造出别具一格的文化氛围。挂画

图4-25　精心摆放的装饰品为空间增添了一分艺术气息

图4-26 挂画的色彩与主题酒店的整体氛围相呼应，为空间营造出独特的氛围

图4-27 中国画元素与整体设计相协调，与环境融为一体

图4-28 酒店客房挂画

还可以传递酒店风格，其内容和风格可以反映出酒店的品牌定位和主题。（图4-26至图4-28）

3. 艺术装置

艺术装置是一种立体的艺术品，其应用可以突显空间个性。通过艺术装置的独特设计，能够为酒店打造出别具一格的个性空间，从而吸引并引导客人的视线与行动。艺术装置在酒店内部不仅起到了引导客人流动的作用，更成了客人探索与互动的焦点，为他们的住宿体验增添了一抹亮色与趣味。艺术装置在酒店中的应用不仅能展示其独特的艺术价值，同时也是彰显酒店品位和魅力的重要手段。例如高档酒店往往会选择前卫而富有创意的艺术装置，以展现艺术的魅力和酒店的品位。（图4-29、图4-30）

二、饰面材料

室内的饰面是室内空间设计的重要方面，它涵盖了表面涂料或材料的选择、构造项目的做工、材料的表面处理以及建筑细节的处理等多个方面。这些方面相互关联、相互影响，共同构成了室内空间的美观度和舒适度。因此，在进行室内设计时，设计师需要充分考虑饰面材料的选择与应用，以实现设计意图并满足使用需求。酒店常用的饰面材料包括以下几个方面。

1. 地面材料

地面是酒店室内空间的基础面，不仅承载着人们在室内的各种活动，同时也是家具和陈设摆放的重要依托。因此，地面的坚固耐用性显得尤为重要。在选择地面材料时，酒店通常会考虑多种材质，包括大理石、花岗石、地毯、地砖、预制水磨石、陶瓷锦砖、木材、玻璃、金属等。（表4-1、图4-31至图4-34）

表4-1 酒店各功能空间地面材料

位置	地面材料
下客区	天然花岗石（防滑）
酒店大堂	天然大理石
大堂酒廊	石材、地毯或木材
餐厅	地毯、石材、砖、木地板
会议室	地毯
公共卫生间	石材、砖（防滑）
客房	地毯、石材、砖、木地板
客房卫生间	石材、砖（防滑）
健身中心	地毯或木地板

2. 墙面材料

墙作为建筑空间中的核心组成部分，在室内空间

图 4-29 酒店艺术装置

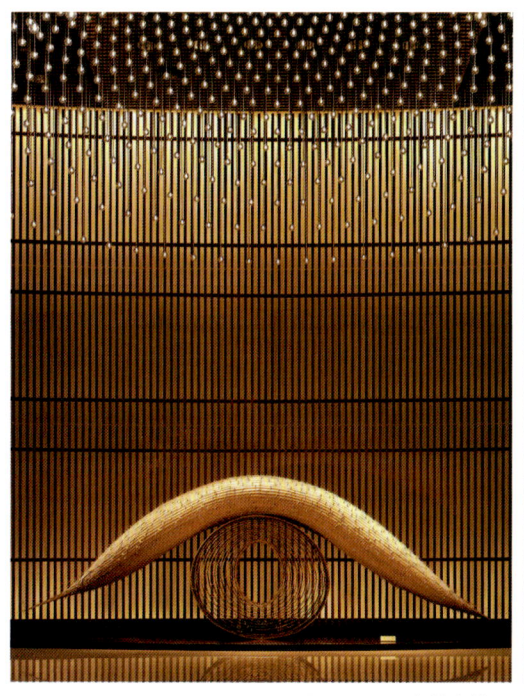

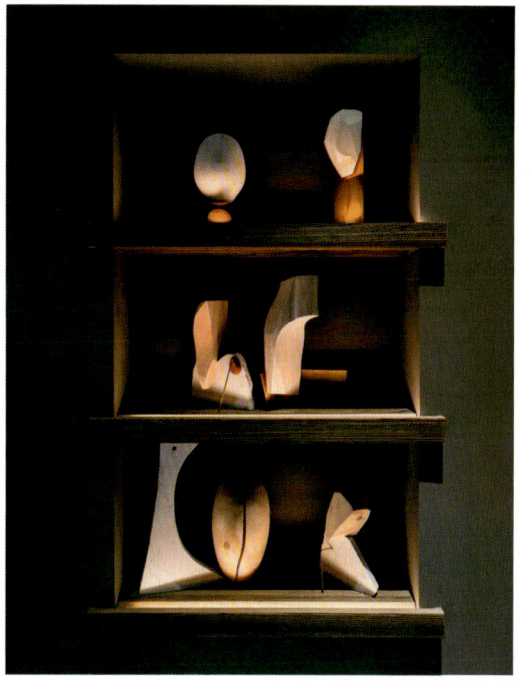

图 4-30 酒店艺术装置

图 4-31 酒店公共空间铺设米色地毯，营造出温馨舒适的氛围

图 4-32 木地板的运用不仅是实用性的考量，更是为整个公共空间增添了一分自然、温暖的魅力

图 4-33 大理石地面的质感和光泽为整个空间增添了独特的视觉效果，营造出豪华而精致的氛围

图 4-34 酒店入口的大理石地面为整个空间注入了高贵和典雅的氛围

中占据着最为显著的界面位置。它不仅是建筑空间垂直围合的重要构成，还承担着承重与界定空间的双重功能。在酒店设计中，墙面材料的选择尤为关键，它们不仅影响着空间的视觉效果，更决定了空间的氛围与品质。酒店常见的墙面材料包括石材、木饰面板材、乳胶漆、金属板、镜面玻璃、瓷砖、墙纸、墙布、皮革等，这些材料的巧妙运用共同构筑了酒店空间的多样化与个性化。（表 4-2、图 4-35、图 4-36）

表 4-2 酒店各功能空间墙面材料

位置	墙面材料
酒店大堂	石材、木饰面板材、乳胶漆、金属板、镜面玻璃
接待区	石材、木饰面板材、乳胶漆、金属板、镜面玻璃
大堂酒廊	石材、木饰面板材、乳胶漆、金属板、镜面玻璃
餐厅	石材、木饰面板材、乳胶漆、金属板、镜面玻璃
宴会厅	木饰面板材、金属板
会议室	木饰面板材、金属板
公共卫生间	石材、瓷砖、金属板、镜面玻璃
客房	乳胶漆、墙纸、墙布、木饰面板材、金属板
客房卫生间	石材、瓷砖、金属板、镜面玻璃
健身中心	墙纸、墙布、木饰面板材、皮革、镜面玻璃

3. 天棚材料

天棚又称顶棚或吊顶，是室内空间中占据人们较大视域的界面之一。它与地面相辅相成，共同构成室内空间中相互呼应的两个主要面。天棚的高度不仅决定了空间的尺度感，还直接影响着人们对室内空间的视觉体验和感受。因此，天棚的饰面材料对于酒店整个室内装饰有相当大的影响。酒店常见的天棚材料包括涂料、金属板、铝板、石膏板、胶合板、木材、织物等。（表4-3、图4-37）

表 4-3 酒店各功能空间天棚材料

位置	天棚材料
酒店大堂	涂料、金属板、铝板
餐厅	涂料、金属板、铝板
宴会厅	涂料、金属板、铝板
会议室	涂料、金属板、铝板
客房	涂料、金属板、铝板
客房卫生间	涂料、金属板、铝板
健身中心	涂料、金属板、铝板

图 4-35 玻璃隔断的设计为空间增添了开放感和通透感

图 4-36 金属隔断的设计为空间增添了精致和独特的元素

图 4-37 吊顶设计为空间增添了独特的视觉元素，打造出富有动感和层次感的室内环境

第三节　色彩与照明的运用

色彩在室内设计中扮演着重要角色，不仅可以赋予空间个性特点，还可以引导人们的注意力和情感。色彩的选择应与酒店的整体风格和氛围相一致，同时还应考虑人们在不同环境下的感受。冷暖色调的运用可以影响人们的情感体验，如温暖的色调让人感到舒适和亲切，而冷色调则让人感到清新和宁静。此外，色彩也可以用于突出特定区域、装饰元素或品牌标识，起到强调和吸引的作用。（图4-38、图4-39）

照明是营造氛围的重要手段之一，可以创造出独特的光影效果。通过不同类型的灯具及其灯光的颜色和亮度，可以打造出多种不同的空间氛围，如温馨、浪漫的氛围等。

一、色彩心理学

色彩心理学在酒店室内设计中的应用非常广泛，它直接影响情感的产生和氛围的营造、空间感和舒适度的提升，以及酒店定位和受众的选择等多个方面。

首先，不同的色彩在心理上会引发不同的情感。例如，红色能唤起激情，蓝色能传达宁静等。因此在酒店室内设计中，根据不同区域的用途选择与之相符的颜色，可以创造出符合期望氛围的空间。例如，在餐厅或酒吧等社交空间，使用红色或橙色等明亮、温暖的色调，能够提升人们的情绪，增加活力，营造出热烈、欢快的氛围，有助于促进社交和交流。而在客房或休息区，使用蓝色或绿色等柔和、冷静的色调，可以营造出宁静、放松的氛围，有助于客人缓解压力，享受安静的休息时光。

其次，色彩的选择能影响空间感和舒适度的感知。例如，深色通常给人一种温暖、亲密的感觉，而浅色则能扩大空间感，使空间显得更加宽敞和明亮。因此，在酒店大堂或走廊等公共区域，使用浅色或中性色调，可以增加空间的通透感和开放感，使客人感到舒适和自在。

图4-38 红色吊顶为整个公共区域赋予了独特的氛围

图4-39 酒店公共区域采用了中性色彩的设计，以提升空间的舒适度和视觉感受

最后，色彩的选择还需要考虑酒店的定位和受众。不同的酒店有不同的市场定位和品牌形象，因此色彩的运用也需要与之相符。例如，商务酒店更偏向使用稳重的色调，以体现其高效、专业的品牌形象；而度假酒店则更偏向使用轻松、活泼的色调，以营造轻松、愉悦的氛围，吸引休闲度假的客人。

二、色彩搭配

在酒店设计中，色彩是表达情感和创造氛围的重要手段之一。不同色彩可以引发不同的情感体验和心理效应，因此在设计中合理运用色彩可以影响客人的情绪和体验。色彩的选择和搭配需要结合酒店的整体定位、品牌形象以及不同区域的功能来进行合理规划。合理的色彩搭配能够增强空间的吸引力，提升客人的体验和满意度。（图4-40、图4-41）

1. 色彩搭配原则

色彩搭配在酒店室内设计中非常重要，它不仅能够影响空间的整体视觉效果，更能够塑造出独特的氛围和风格。常用的色彩搭配原则包含以下几个方面。

（1）对比色搭配

将不同的对比色进行组合，可产生鲜明的对比效果。例如，黑与白色的对比可以创造出现代、简洁的风格，黄与紫色的对比则可以营造出充满活力的氛围。

（2）类似色搭配

选择色相环相邻的类似色进行搭配，可以形成柔和、渐变的过渡效果。这种搭配常用于营造柔和、舒适的氛围。

（3）三色搭配

在色相环上选择相隔120度的三种颜色进行搭配，可以形成活跃而有序的效果。这种搭配可以创造出充满活力和生命力的空间。

（4）同类色搭配

选取同种色调的不同明度和饱和度的颜色进行搭配，可以形成既统一又富有深度的视觉效果。这种搭配常用于营造简约的风格和优雅的氛围。

2. 色彩搭配技巧

通过合理运用色彩的对比与协调、主色与辅色、中性色以及光线，设计师可以创造出既美观又舒适的空间

图4-40 红色的床尾凳作为客房的装饰元素，为整个空间增添了一抹生动的活力

图 4-41 灰色的地毯在酒店客房中的运用

环境，为酒店增添独特的魅力。

（1）色彩的对比与协调

在色彩搭配中，对比和协调是两个重要的技巧。对比是通过不同色彩间的差异和冲突，来增强视觉上的冲击力和层次感。合理的对比能够使各个元素在空间中更加鲜明突出。然而，过度对比会导致视觉上的混乱和不适。因此，设计师需要掌握好对比的度，既要突出重点，又要保持整体的和谐。协调则更侧重于色彩间的相互呼应和融合。通过选择相近的色彩，可以营造出一种和谐、舒适的氛围。协调的色彩搭配能够让人感到宁静和放松，有助于提升空间的品质感。

（2）主色与辅色

在色彩搭配中，通常会选择一个主色和若干个辅色来组合。主色即空间的主导色调，它决定了空间的整体氛围和风格。辅色则用于点缀和平衡，为主色增添层次感和变化。在选择主色和辅色时，设计师需要考虑它们之间的比例和配色方式，确保整体效果的平衡和协调。

（3）中性色

中性色的运用也是色彩搭配中的重要技巧。中性色如白色、灰色、黑色等，具有平和、稳重的特性，它们可以平衡和缓和色彩的强度，避免空间中的色彩过于刺眼或压抑。同时，中性色也可以作为背景色或基础色，以突出其他鲜艳的颜色，使空间更加生动和活泼。

（3）光线

光照条件对色彩的影响也是不可忽视的。不同光线下色彩的表现会有所不同。自然光和人工光在色温、亮度等方面存在差异，这些差异会直接影响色彩的呈现效果。因此，在进行色彩搭配时，设计师需要充分考虑光照条件，确保色彩在不同光线下都能保持协调一致。

3. 色彩在不同功能区域中的运用

（1）大堂和接待区

在大堂和接待区，色彩的运用尤为关键，因为它直接影响到宾客对酒店的第一印象。这些区域需要营造出热情、欢迎和豪华的氛围，以吸引并留住宾客。暖色调如红色、橙色和金色具有强烈的视觉冲击力，能够迅速抓住人们的注意力，适用于接待台、休息区等地方。中性色如白色和灰色可以增加和平衡空间明亮感。在大堂和接待区的设计中，可以使用白色作为主基调，营造出宽敞、明亮的空间感。灰色则可以作为辅助色，用于地面、墙面或家具的装饰，为空间增添一丝沉稳与质感。为了营造出独特的视觉效果，还可以根据酒店的品牌形象选择符合其特色的颜色作为主基调。同时，点缀一些明亮的色彩也非常重要。比如，在接待区的绿植上挂上彩色的装饰物等。

（2）客房

客房应营造出舒适、宁静和放松的氛围，让客人感受到宾至如归的温馨与舒适。冷静的色调如蓝色、绿色可以带来平静感，适用于床品、墙面等地方。同时，暖色调如柔和的米色、粉色可以增加温馨感，适合用于窗帘、装饰等部分。客房设计中要避免使用过于刺眼的颜色，应创造出宁静和轻松的居住环境。

（3）餐饮区

餐饮区的色彩搭配应与不同的餐厅类型和风格保持高度一致。例如，高档餐厅宜采用暖色调和深色调，以凸显其奢华与优雅的氛围；休闲餐厅则更适宜选择明亮的色彩，以营造充满活力和愉悦感的用餐环境。此外，餐饮区的色彩搭配还应充分考虑与食物色彩的协调性。通过巧妙的色彩搭配，使餐具、装饰及墙面等元素与食物色彩相得益彰，从而进一步提升顾客的用餐体验，营造出令人愉悦的用餐氛围。

三、照明设计

自然采光与人工照明是酒店照明设计的两个重要方面。自然采光指的是通过自然光线照明室内空间，而人工照明则是通过人造光源来照明室内空间。两者的合理结合与运用可以影响空间的氛围、情感及其功能性，能够创造出舒适、实用、美观的环境。

自然采光不仅能提供自然的照明效果，还能营造开放、明亮的氛围。充足的自然光线可以减少能源消耗，改善居住体验，还有助于人们的健康和情绪。在酒店设计中，设计师应充分利用建筑的朝向、窗户的位置和尺寸等，最大限度地引入自然光线，并通过窗帘、窗户等进行调控。（图4-42）

人工照明则是通过灯具、光源的布置和调光系统来达到所需的光照效果。它不仅满足了夜间和昏暗环境下的照明需要，还可以强调特定区域，营造不同氛围。人工照明可以根据不同空间的用途和设计风格，选择合适的灯具类型、颜色温度、亮度等，从而创造出舒适、高效的照明效果。（图4-43）

图4-42 酒店客房充分利用自然光线，营造温馨舒适的氛围

图4-43 酒店客房通过灯光的明暗变化和色彩温度的调节，营造出不同的情感和氛围

1. 自然采光与人工照明的协调运用

自然采光与人工照明的协调运用，旨在打造出既舒适宜人又功能完备，同时充满美感的空间环境。这要求设计师能巧妙地将自然采光与人工照明相结合，以实现照明效果的最优化，同时提升用户的使用体验。

自然采光是一种温暖、柔和的光源，能够自然地渗透到室内，为空间带来生机和活力。然而，自然采光并不总是可用，尤其在夜晚或特定氛围下，这时人工照明发挥着关键作用。人工照明可以根据不同的功能区域和需求来设计，如照明任务、强调装饰、营造氛围等。在两者的协调运用中，要避免产生突兀的对比，确保自然采光和人工照明的自然过渡。在实际操作中，设计师可以选择使用模拟自然光线的灯具，来调整光的颜色和亮度以匹配不同时间和场景。同时，还可以合理布置灯具的位置和角度，以减少阴影和不均匀照明。通过巧妙的光线反射、折射和漫反射，创造出温馨、和谐的空间氛围，从而提升酒店室内的舒适度和吸引力。

（1）充分利用自然采光

在酒店设计中，要充分考虑建筑的朝向，合理安排窗户的大小和数量，以便更好地引入自然光线。同时，充分利用自然采光也是实现节能和环保的有效途径。自然采光不仅能为我们提供自然的照明效果，还能为室内空间增添舒适感和活力。（图4-44）

（2）巧妙补充人工照明

在自然采光不足或无法满足特定照明需求的情况下，人工照明则可以作为有效的补充手段。人工照明可以灵活调节亮度和色温，以适应不同时间、场景和活动的需求。在酒店设计中，设计师应合理地设置灯具，确保光线均匀分布，避免出现明暗不均或眩光问题。设计时还可以结合智能控制系统，实现对人工照明的精确控制，根据不同时间和需求自动调节照明亮度和色温，以实现节能和环保的目标。

2. 照明设计对空间氛围的影响

照明设计对空间氛围有着非常重要的影响。不同的灯光色温、亮度、照射方向以及精心设计的灯光布局可以营造出不同的氛围，从而影响人们的感受和体验。

（1）温馨和舒适

采用较低的色温和柔和的照明，可以营造出温馨和舒适的氛围，使人感到放松和愉悦。这种照明适用于酒店客房、休息区和餐厅等空间。

（2）活力和动感

采用较高的色温和明亮的照明，可以营造出活力和

图4-44 自然采光的渗透使空间更加开阔

动感的氛围，使人感到充满活力和力量。这种照明适用于健身房、休闲娱乐区和大堂等空间。

（3）浪漫和梦幻

采用较低的亮度和柔和的照明，可以营造出浪漫和梦幻的氛围。这种照明适合用于酒店的浪漫餐厅、酒吧和SPA区域。

（4）正式和庄重

采用均匀和明亮的照明，可以营造出正式和庄重的氛围。这种照明适用于酒店的会议厅、宴会厅和大型活动空间。

3. 照明设计在不同场景下的灵活应用

酒店室内设计中不同区域的功能和氛围各有不同，因此需要灵活运用照明来营造适宜的氛围和满足特定的需求。

（1）大堂

酒店大堂通常是酒店的门面，也是客人入住时的第一印象。在大堂的照明设计中，可以运用大型的吊灯或吊挂式灯具来营造豪华和高档的感觉。此外，灯光的色温和亮度也要考虑，可以采用暖色调的灯光来营造温馨和舒适的氛围。

（2）客房

在客房的照明设计中，需要考虑客人的不同需求如工作、休息、阅读等，可以运用可调节的灯具，如床头灯或壁灯，以便客人根据自己的喜好和需要来调整照明。此外，还可以采用柔和的灯光和局部照明来营造温馨和舒适的氛围。

（3）餐厅

酒店的餐厅是提供用餐体验的重要场所。在餐厅

的照明设计中，可以运用不同的灯光来创造不同的用餐氛围。例如，可以使用柔和的灯光或烛光来营造浪漫的用餐氛围，或者使用明亮的灯光来创造舒适的用餐环境。（图 4-45、图 4-46）

（4）健身房

在健身房的照明设计中，需要确保充足的照明强度，以保证运动者的安全和舒适感，可以采用明亮的天花板灯具和适当的局部照明来实现这一目标。同时，通过巧妙地运用不同的灯光色温、照射方向及布局，可以创造出充满活力和动感的氛围。

四、照明设计的节能与环保

节能是现代酒店设计中的一个重要因素，特别是在照明方面，采用节能照明技术可以降低能源消耗，减少碳排放，实现环保目标。将节能照明技术和环保照明材料相结合，可以为酒店的照明设计提供双重保障，既节约能源又保护环境。这样的照明设计不仅符合现代社会的环保潮流，还能为酒店带来良好的社会形象和商业价值。照明设计的节能与环保可以通过以下几个方面来实现。

1. 感应器与调光系统

安装感应器和调光系统可以实现智能化照明控制，根据环境的光线和使用需求自动调整灯光的亮度和开关状态。这样可以避免不必要的能耗，并确保照明在需要时可用。

2. 利用自然采光

充分利用自然采光，尽量减少白天的人工照明，是一种非常有效的节能方法。通过合理的窗户设计和光线引导，将自然光线引入室内，可减少对人工照明的依赖。

3. 环保照明材料

选择环保照明材料是实现照明设计的节能与环保的关键。

（1）绿色照明材料

优先选择符合环保标准和认证的照明材料，例如能源星标志认证的 LED 灯具、无汞灯管等。这些材料对环境的影响较小，且可以确保照明效果。LED 灯具是目前最常见的节能照明工具。相比传统的白炽灯和荧光灯，

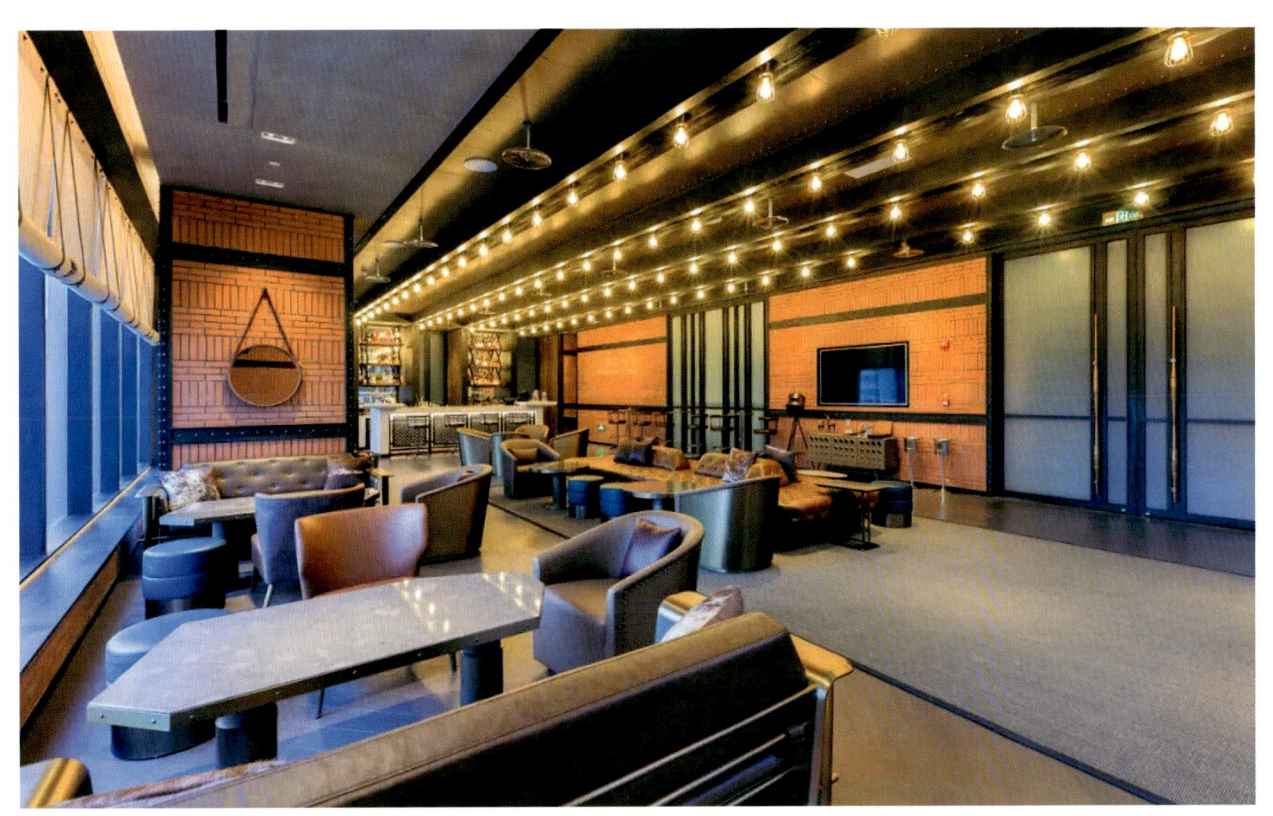

图 4-45 酒店餐厅的人工照明设计是营造用餐环境和提升就餐体验的重要因素

图 4-46 酒店餐厅照明设计

LED 灯具具有更高的能效和更长的寿命。因此，在酒店室内设计中广泛采用 LED 照明可以大大降低照明的能耗。

（2）可再生材料

在照明灯具和灯罩的选择中，优先考虑使用可再生材料，如竹木、纸质材料等，减少使用一次性材料和塑料。

（3）可回收材料

照明材料应优先选择可回收的材料，以便在使用寿命结束后进行回收再利用，降低资源浪费。

（4）低 VOC（挥发性有机化合物）材料

在灯具和灯饰的选择中，避免使用含有 VOC 的涂料和胶水，以减少有害气体的释放，从而提高室内空气质量。

实训练习

1. 实训内容

设计一个现代化酒店大堂的室内装饰方案，包括选取的设计风格、色彩搭配、照明设计等。

2. 实训要求

（1）提供设计方案的手绘图或电脑设计图，包括平面图、立面图、手绘效果图。

（2）编写设计方案说明，阐述设计理念及其运用的原则。

第五章

酒店设计趋势

第一节　智能化和科技应用

第二节　客户个性化体验

第三节　可持续性与环保设计

第四节　跨界合作与创新

教学目标

1. 使学生深入理解酒店设计领域的发展趋势，从而形成对当前设计潮流的全面认知。
2. 培养学生前瞻性和创新性思维，能灵活运用设计趋势进行创新。

教学重难点

重点：
1. 掌握智能化和科技在酒店设计中的应用。
2. 掌握可持续性和环保设计在酒店设计中的应用。

难点：
1. 智能化与科技应用的深度融合。
2. 跨界合作与创新在酒店设计中的运用。

第一节　智能化和科技应用

一、酒店智能化系统的发展和应用

随着科技的不断发展，酒店智能化系统成为酒店设计的重要趋势之一。智能化系统通过将传感器、物联网、云计算和人工智能等技术相结合，实现对酒店运营和管理的智能化控制与监测。

智能化系统在酒店中的应用非常广泛，包括智能客房控制系统、智能安防系统、智能能源管理系统等。通过智能客房控制系统，客人可以通过手机或平板电脑控制房间内的灯光、空调、窗帘等设施，实现个性化的客房体验。智能安防系统可以通过监控摄像头和人脸识别技术，增强酒店的安全性和保障客人的安全。而智能能源管理系统则可以自动调节能源使用，实现节能减排，降低运营成本。

随着人工智能、物联网和大数据技术的不断发展，酒店智能化系统正朝着更加智能、高效和便捷的方向发展。未来的酒店智能化系统将实现更多功能的自动化和智能化，从而为客户提供更加个性化和优质的服务体验。

例如巴哈马亚特兰蒂斯酒店，通过将智能科技和奢华服务相融合，成为全球范围内备受瞩目的智能化酒店之一。其智能化具体表现在以下几个方面。（图5-1至图5-3）

智能客房控制：酒店的客房配备了先进的智能客房控制系统。客户可以通过手机APP或者房间内的控制面板，轻松调节房间的温度、照明、窗帘和音响等。该系统还允许客户设置个人偏好，

图 5-1 巴哈马亚特兰蒂斯酒店外景

图 5-2 巴哈马亚特兰蒂斯酒店大堂

图 5-3 巴哈马亚特兰蒂斯酒店标准间

例如设定喜好的照明场景或音乐播放列表，实现更加个性化的住宿体验。

互动式智能助手：酒店引入了互动式智能助手，名为"Concierge Robot"。这些机器人被布置在酒店大堂，可以回答客户的问题，提供旅游咨询和导航服务。客户可以使用语音或触摸屏幕与智能助手进行互动，获取所需信息，使酒店的服务更加便捷和智能化。

自助式入住和退房：酒店采用了面部识别技术，实现客户的自助式入住和退房。客户在预订酒店时，可以上传面部信息，抵达酒店后只需进行面部扫描即可完成入住手续，无须办理传统的登记手续，从而节省了宝贵的时间。

虚拟现实体验：酒店还提供虚拟现实体验，使客户能够沉浸在令人惊叹的虚拟世界中。这种技术被应用在娱乐设施中，如水上乐园和娱乐场所，为客户带来与众不同的娱乐体验。

二、人工智能技术在酒店管理和服务中的应用

随着科技的不断发展，人工智能技术在酒店管理和服务领域中发挥着越来越重要的作用。人工智能（Artificial Intelligence，简称 AI）是一种模拟人类智能的技术，通过机器学习和数据分析，使计算机能够自动执行任务、学习和改进。人工智能技术在酒店管理和服务中的应用正日益增多，它为酒店业带来了许多创新和便利。

人工智能技术凭借先进的数据分析和机器学习技术，能够精准地预测客户的需求与行为，进而实现服务的个性化升级。举例来说，通过深入分析客户的消费习惯与偏好，人工智能可以智能推荐符合客户口味的菜单、定制化的活动安排以及心仪的旅游景点，从而显著提升客户的满意度。在酒店的运营管理领域，人工智能技术同样展现出强大的应用潜力。智能客房清洁机器人的引入，使得客房清洁与整理工作得以自动化进行，大大提高了工作效率。此外，人工智能技术还能协助酒店进行人员调度和资源优化，不仅提升了运营效率，还实现了成本的降低。（图 5-4 至图 5-6）

1. 预订管理

人工智能技术可以通过分析历史数据和客户行为，预测客房预订需求，并优化房间定价策略。酒店可以利用人工智能算法实现智能化的预订管理系统，提高客房出租率和酒店收益。

2. 客户服务

酒店可以引入智能客服机器人，通过自然语言处理

图 5-4 酒店智能机器人

图 5-5 酒店智能机器人

图 5-6 酒店智能机器人

技术，与客户进行实时互动。这些机器人可以回答客户的常见问题，提供推荐和定制化服务，为客户提供更便捷和个性化的体验。

3. 员工管理

人工智能技术可以广泛应用于员工排班和绩效评估等方面。在员工排班方面，通过人工智能的优化算法，酒店能够更加合理地安排员工的工作时间。在绩效评估方面，通过对员工工作数据的收集和分析，人工智能技术可以评估员工的工作表现、工作效率、服务质量等方面的情况，酒店则可以根据评估结果优化员工培训和激励计划。

4. 语音助手

许多酒店引入了语音助手设备，如亚马逊和谷歌的语音助手等，使客人可以通过语音指令来控制客房设施、查询酒店信息等。这些语音助手的智能化和便捷性为客户提供了更加舒适和个性化的入住体验。

5. 智能客房控制

通过人工智能技术，酒店可以实现客房设施的智能化控制。客人可以通过手机应用或语音助手来控制房间温度、灯光亮度、窗帘开闭等，提升客户入住体验。

例如澳大利亚的悉尼希尔顿酒店，作为希尔顿酒店集团的重要一员，一直致力于为客户提供高品质的服务和舒适的住宿体验。在酒店管理和服务中，悉尼希尔顿酒店引入了人工智能技术，其中最为著名的就是"Connie"这个人工智能机器人。这个机器人拥有人工智能技术，能够与客户进行自然语言的交流，回答客户的问题并提供各种服务。"Connie"不仅是一个简单的问答机器人，它还能根据客户的需求和偏好，提供个性化的建议和推荐。具体而言，"Connie"的功能包括以下几个方面。（图 5-7 至图 5-10）

旅游推荐：客户可以向"Connie"询问悉尼的旅游景点、美食餐厅和购物地点等，它会根据客户的兴趣和偏好，提供个性化的旅游推荐。

酒店服务信息：客户可以向"Connie"咨询酒店的各项服务，例如餐厅预订、洗衣服务、健身设施等，它会及时回答客户的问题。

客户需求处理：如果客户有特殊的需求或问题，"Connie"会将这些信息传递给酒店员工，以便他们及时解决。

通过引入"Connie"这个智能机器人，悉尼希尔顿酒店提供了更加智能化和个性化的客户服务。客户可以通过与"Connie"互动，快速获取所需信息，享受更加便捷和高效的入住体验。这种人工智能技术的创新应用，使得悉尼希尔顿酒店在客户服务方面走在了行业的前沿。

三、虚拟现实和增强现实技术在酒店体验中的应用

虚拟现实（VR）和增强现实（AR）技术正逐步成

图 5-7 悉尼希尔顿酒店套房

图 5-8 悉尼希尔顿酒店餐厅

图 5-9 悉尼希尔顿酒店酒廊

为酒店体验中的创新元素。虚拟现实技术可以为客人提供身临其境的体验，例如在预订酒店前，客人可以通过 VR 技术参观酒店的客房、设施和周边环境，以便更好地做出选择。增强现实技术则可以将虚拟元素与真实环境相结合，为客人创造出全新的体验。例如，通过 AR 技术，客人可以在酒店的公共区域看到虚拟艺术装置或

图 5-10 酒店智能机器人

历史场景，增加了游客的参与感和趣味性。（图5-11至图5-14）

虚拟现实和增强现实技术还可以应用于会议和活动等场景，为客人提供更加交互式和多样化的体验，提升活动的吸引力和参与度。未来的酒店设计将更加重视智能化和科技应用，通过引入智能化系统以及人工智能、虚拟现实和增强现实技术，为客户带来更加智能、便捷和个性化的体验。这些科技的应用将使未来的酒店设计更加前卫和吸引人，并带来更多的竞争优势。

虚拟现实和增强现实技术在酒店体验中的运用已经成为许多酒店追求的创新方式。例如万豪酒店，其是全球知名的豪华酒店品牌，它在一些地区的分店中引入了虚拟现实技术，为客户提供更加沉浸式的体验。在万豪酒店的VIP客房中，客户可以使用虚拟现实头显设备，参与"VR Postcards"虚拟旅游项目。这个项目使用360度摄像技术，带领客户在虚拟现实中体验全球各地的旅游景点和文化。客户可以选择他们想要探索的目的地，然后戴上VR头显，就仿佛置身于世界各地的名胜古迹中，欣赏壮丽的自然风光及感受当地的文化。此外，万豪酒店还采用增强现实技术来提供更加便捷和个性化的服务。客户可以使用酒店的手机应用，通过AR技术在房间中查看特定家具和装饰品的样式与尺寸，以便更好地选择适合自己喜好的配置。

通过运用虚拟现实和增强现实技术，万豪酒店为客户提供了全新的体验，使客户可以在舒适的酒店环境中体验全球各地的旅游景点，提高了客户的满意度。

四、酒店设计与数字化转型

酒店设计是指对酒店的空间、功能、美学等方面进行规划和设计，提供舒适、实用、美观的客房、公共区域和服务设施，以满足客人需求，提升客户入住体验。数字化转型是指酒店借助数字化技术，将传统的业务流程转化为数字化的流程，以提高酒店的服务效率、客户满意度和经营效益的过程。数字化转型包括在线预订、移动支付、智能客房、数据分析、社交媒体营销、自动化设备、物联网等。酒店设计和数字化转型是酒店业的两个重要方面，它们之间相互促进和影响。酒店设计可以为数字化转型提供更适应客户需求的场所和空间，数字化转型可以为酒店设计提供更多的技术支持和创新思路。

数字化转型的原则是以客户为中心，注重数据驱动、思维创新、资源整合和持续改进等方面，以提高经营效益、客户满意度和企业竞争力。借助智能化设备、大数据分析以及人工智能技术等数字化手段，酒店业能够有效提升服务效率与管理效能，从而推动数字化转型的可持续发展。

例如万豪国际酒店集团，作为全球知名的酒店连锁品牌，旗下拥有30多个酒店品牌，包括万豪、喜来登、瑞吉、艾美等知名品牌。作为酒店业的领军企业之一，万豪国际酒店集团一直在数字化转型方面进行不懈努力，以提高客户体验和品牌竞争力。万豪国际酒店集团采用了数字化技术和应用，具体表现在以下几个方面。

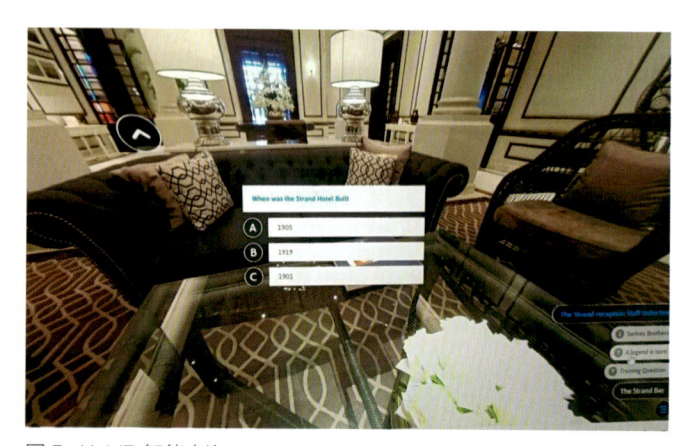

图5-11 VR智能查询

图5-12 AR智能查询

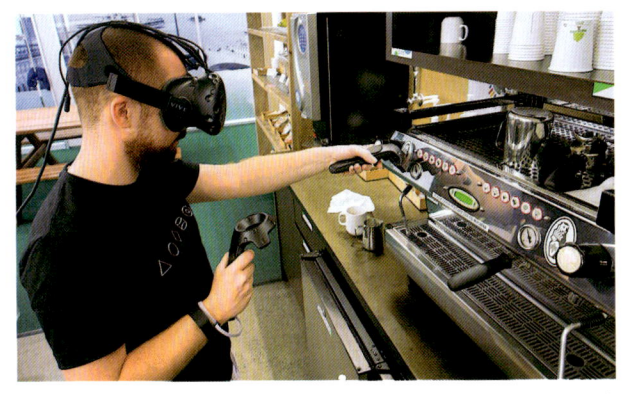

图 5-13 智能体验

图 5-14 智能体验

1. 万豪旅游应用程序

万豪国际酒店集团推出了"万豪旅游"应用程序，旨在为客户提供更为便捷高效的在线服务体验。通过该应用程序，客户可轻松实现酒店预订、移动支付以及积分兑换等多项功能，从而极大地提升了服务的便利性和效率。

2. 万豪 Bonvoy 会员计划

万豪国际酒店集团推出了 Bonvoy 会员计划，客户可以通过会员计划享受优惠房价、免费早餐、升级客房等特权，从而提高了客户忠诚度和品牌形象。

3. 数据分析和人工智能算法

万豪国际酒店集团采用数据分析和人工智能算法，能精确地预测客户的需求和行为，为客户提供个性化的服务和优惠活动，从而提高了客户的满意度和品牌忠诚度。

4. 智能客房和智能助手

万豪国际酒店集团在一些分店推出了智能客房和智能助手，客户可以通过手机控制客房温度、照明、窗帘等，使用智能助手咨询酒店信息和服务，从而极大地提高了服务效率和客户体验。

5. 社交媒体营销

万豪国际酒店集团通过社交媒体营销，为客户提供酒店的信息、活动、景点等，扩大了客户群体和品牌影响力。

第二节　客户个性化体验

客户个性化体验是现代酒店业中越来越重要的一环。随着竞争的激烈和客户需求的多样化，酒店不再仅仅提供标准化的服务，而是致力于为每一位客户打造独特、个性化的体验。通过了解客户的喜好和习惯，酒店可以为其提供个性化的服务，从而增加客户的满意度和忠诚度。实现个性化服务的方法有很多，其中包括通过客户数据分析和人工智能技术来了解客户的喜好和行为模式，提供定制化的推荐和建议；根据客户的需求和喜好来调整房间的设施和装饰，提供个性化的房间布置和服务；通过定制旅游路线、聘请私人厨师等，为客户提供特别定制的体验项目。

一些高端酒店通过客户的预订历史和喜好来为其提供个性化的服务，如提供喜爱的饮品、定制的床品等。一些度假酒店为客户提供定制的旅游活动，根据客户的兴趣爱好来安排不同的活动和体验项目。

一、个性化需求的满足

在未来，酒店业将更加注重满足客户的个性化需求，这是一个不可逆转的趋势。随着社会的发展和科技的进步，客户的需求变得越来越多样化和个性化。传统的标准化服务已经无法满足客户的多样化需求，因此酒店业应不断努力创新，提供更加个性化的服务。（图5-15至图5-18）

首先，为了满足客户个性化需求，酒店可以运用先进的技术和数据分析手段，深入了解每一位客户的旅行偏好和消费习惯。通过客户的数据分析，酒店可以更好地了解客户的旅行偏好和消费习惯，从而为其提供更加贴合的服务和体验。其次，酒店还可以采用智能化技术来实现个性化服务。例如，当客户通过手机APP预订房间并在预订过程中填写个人喜好和需求时，酒店可以根据这些信息提供定制化的服务，如个性化的床品、餐饮推荐等。最后，人工智能技术的应用也将成为酒店实现个性化服务的重要手段。例如，客户可以通过语音助手与酒店互动，提出特殊需求，从而获得个性化的回应。

客户个性化需求的满足将成为酒店业提升竞争力和客户满意度的关键。通过不断创新和引入先进技术，酒店将为每一位客户提供独特的、难忘的体验，从而赢得客户的信赖和忠诚。这种个性化服务的趋势将不断深化，成为酒店业可持续发展的重要方向。

二、数据分析和人工智能技术的应用

数据分析和人工智能技术在酒店业中的应用日益广泛。通过分析客户的旅行偏好和消费习惯，酒店可以了解客户的喜好和需求，并提供个性化的推荐和建议。数据分析和人工智能技术在酒店业中的应用大大增强了客户的个性化体验。酒店通过收集大量客户数据，如订房历史、旅行偏好、消费习惯等，进行深度分析。通过数据分析，酒店可以对客户进行细分，将他们划分为不同的目标群体。例如，有些客户喜欢豪华体验，有些客户更注重健康饮食，还有些客户可能更关注周边的文化景点等。针对不同的客户群体，酒店可以提供相应的个性

图5-15 酒店客房空间

图5-16 酒店餐饮空间

说，当客户预订房间时，酒店的系统可以根据客户的历史偏好和需求，向其推荐最适合的房型和服务。如果客户喜欢健身和美食，系统可以向其推荐附近的健身房和知名餐厅。如果客户是文化爱好者，系统可以提供附近博物馆和艺术展览的信息。这些个性化推荐和建议将帮助客户更好地规划旅行，提升其体验和满意度。

数据分析和人工智能技术的应用不仅可以提供个性化推荐和建议，还可以帮助酒店进行市场营销和客户关系管理。通过分析客户数据，酒店可以预测客户的行为和需求，制订相应的营销策略。同时，酒店可以通过智能客服系统与客户保持密切联系，及时回应客户的问题和反馈，增强客户与酒店的互动。

三、引入创意和互动性的设计

引入创意和互动性的设计是酒店在追求客户个性化体验方面的重要手段。通过独特的设计和互动性的元素，酒店可以为客户打造独特、有趣且难忘的体验。

目前市场上广泛采用的一种创意设计策略是构建主题酒店。主题酒店通过创意设计将特定的主题元素融入酒店的各个角落，为客户营造出独具特色的住宿体验。主题酒店不仅能够满足消费者对于个性化、差异化的需求，同时也能够提升酒店的品牌形象和市场竞争力。例如，有些酒店以历史事件、电影、文学作品或自然景观等作为主题，将其融入酒店的装饰和服务中，使客户仿佛置身于一个全新的世界。这种创意设计可以吸引特定类型的客户，增加酒店的独特性和知名度。

此外，酒店还可以引入互动性的元素，使客户能够参与到酒店的设计和体验中来。一些酒店设计了具有互动性的艺术装置，让客户可以参与到艺术的创作中，增加客户的参与感和满足感。还有些酒店设置了互动游戏区域或体验区，让客户可以在休闲娱乐的同时感受到独特的设计和体验。

创意和互动性的设计可以使客户在酒店的停留过程中获得更多乐趣和惊喜。客户不仅仅是旅行的观察者和体验者，更成了参与者和创造者。这种参与性和创造性的体验将使客户对酒店产生深刻记忆和情感连接，从而增强了客户对酒店的好感。创意和互动性的设计需要酒店注重人性化的关怀和服务。在为客户提供独特体验的同时，酒店需要关注客户的个性化需求和舒适感受。只有在满足客户的基本需求的前提下，创意和互动性的设计才能真正为客户带来愉悦和满足。

图 5-17 与自然环境融为一体的酒店休闲度假空间

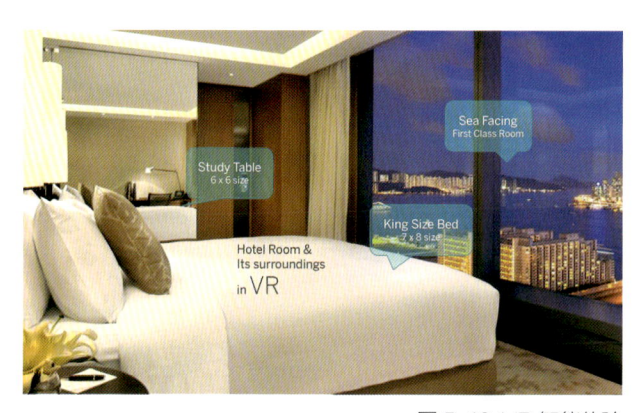

图 5-18 VR 智能体验

化服务和推荐。

人工智能技术的应用，尤其是自然语言处理和机器学习，可以帮助酒店更好地掌握客户的需求。客户可以通过语音或文字与酒店互动，提出问题或需求，人工智能可以快速地分析并给出个性化的回应和建议。举例来

105

第三节　可持续性与环保设计

在全球环境问题日益严峻的背景下，酒店业正积极响应可持续发展的号召，逐渐将绿色建筑和可持续性设计融入日常运营中。通过广泛应用环保材料和装饰品、融合周边环境等手段，打造生态友好型酒店，为可持续发展作出积极贡献。

可持续性与环保设计在酒店设计领域中越来越受重视。它注重在酒店建设和运营过程中融入环境、社会和经济等因素，确保资源的有效利用，减少对环境的负面影响，并为客人提供更加健康和舒适的入住体验。通过采用绿色建筑技术、节能减排、水资源管理、废物处理等创新方法，推动酒店业向更加环保和可持续的方向发展，同时提高酒店的竞争力和社会形象。（图5-19、图5-20）

一、绿色建筑和可持续性设计的发展趋势

随着环保意识的不断增强，绿色建筑和可持续性设计成为酒店业的发展趋势，在当前酒店行业中备受关注。绿色建筑通过优化建筑设计、节能减排、资源循环利用等手段，减少对自然资源的消耗，降低对环境的影响。绿色建筑强调在酒店设计和建设中采用更环保的材料与技术，以减少对资源的消耗和环境的污染。可持续性设计则关注酒店的长期发展，强调在酒店运营中合理利用资源，降低能源消耗，并保护自然环境。在探讨绿色建筑和可持续性设计的发展趋势时，有两家著名的酒店值得举例说明。

1. 上海柏悦酒店

上海柏悦酒店是一家位于中国上海的豪华酒店，其以出色的可持续性设计而闻名。该酒店采用了许多环保技术和措施，包括智能照明系统、暖通空调系统以及太阳能电池板。酒店还在建筑中融入了大量的绿色植被和自然光线，增强了室内外的空气质量。此外，上海柏悦酒店还

图 5-19　绿色植物带来了生机和清新感，为空间增添了自然元素，同时也有助于提升空气质量和室内舒适度

图 5-20　室外区域的休憩空间

积极推广可持续发展的理念,通过培训和宣传来提高员工和客人的环保意识,为可持续酒店业作出了积极贡献。

2. 波拉波拉群岛四季度假酒店

波拉波拉群岛四季度假酒店积极践行绿色理念,通过利用可再生能源、推动海洋保护项目以及深入融入当地文化等多方面的举措,致力于保护岛上的自然生态系统和珍贵文化遗产。酒店不仅为游客提供了高品质的度假体验,还为保护岛上的自然生态系统和文化遗产作出了积极贡献。

这两家酒店都在可持续性和环保设计方面做出了积极的努力,它们的成功经验和创新做法对整个行业产生了积极的影响,促进了更多酒店朝着可持续性发展的方向前进。

二、环保材料和装饰品的广泛应用

在酒店室内装饰中,选择环保材料和装饰品是实现可持续性设计的关键。环保材料是指对环境友好、资源可再生或可回收利用的材料,如环保木材、可降解塑料、再生纤维等。环保装饰品则是指采用环保材料制作的艺术品等。

未来的酒店设计将更加重视环保材料和装饰品的应用,以减少室内空气污染和有害物质的释放,从而创造出更加健康和舒适的室内环境。环保材料和装饰品的应用不仅有助于降低环境影响,减少资源消耗,还能为酒店营造独特的环境氛围,提升客人的舒适体验。

1. 环保材料的应用

越来越多的酒店采用环保材料,如再生木材、竹制品、再生玻璃、可降解塑料等。这些材料具有可再生性或可降解性,能够减少对自然资源的损耗和对环境的污染。同时,环保材料的运用也有利于提高室内空气质量,减少有害气体的释放,提供更加健康的居住环境。

2. 环保装饰品的应用

酒店室内装饰品的选择也越来越注重环保性和可持续性,如以再生纸制品创作的艺术品、可持续采集的自然植物以及使用再生材料制作的装饰灯饰等。这些环保装饰品不仅具有独特的艺术价值,还体现了酒店对环保和可持续发展的责任感。

选择环保装饰品成为酒店提升客户体验的重要手段之一。例如,酒店可以利用回收材料制作的艺术品、环保主题的装饰画等向客人传递环保的理念,并加深他们对环保的认知与意识。环保材料和装饰品不仅应用于室内装饰,更贯穿于酒店的建筑设计和外部环境布置之中。例如,通过在建筑外立面使用绿色植物墙体,增加自然绿化,改善城市生态环境等。

三、酒店与周边环境的融合

在未来的酒店设计中,将酒店与周边环境的深度融合作为重要的考量因素已逐渐成为行业共识。酒店可充分利用生态景观设计、雨水收集系统、植物墙及屋顶绿化等手段,有效缓解城市热岛效应,增强生态系统的稳定性。此外,酒店亦应主动融入当地社区,积极参与保护自然环境的各项活动,推动环保意识的广泛传播。通过打造生态友好型酒店,不仅能够显著提升酒店的品牌形象与社会声誉,更能在推动可持续发展的道路上贡献积极力量。此举不仅符合当代社会对绿色发展的迫切需求,也彰显了酒店业对环境保护的深刻认识与积极担当。(图 5-21 至图 5-23)

图 5-21 室外植物与落地玻璃的巧妙结合,为休闲空间营造了一个和谐而愉悦的环境

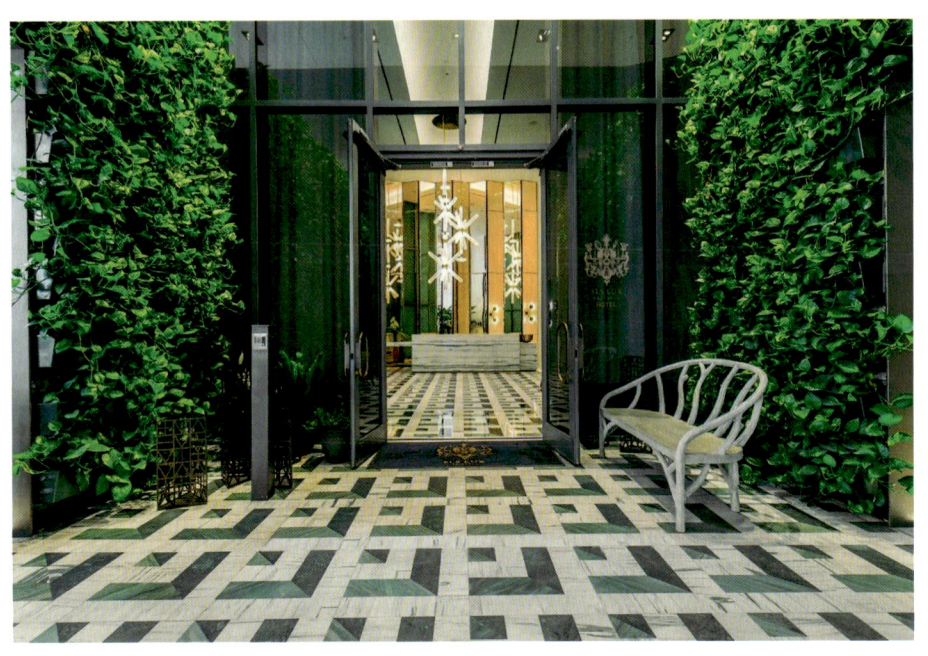

图 5-22 绿意的装饰为空间增色添彩

图 5-23 清新的绿植装饰为空间增添了自然的氛围

在可持续性与环保设计理念的指导下,未来的酒店设计将更加注重绿色建筑的打造,以及环保材料和装饰品的应用,同时与周边环境深度融合,打造生态友好型酒店。这些举措将为酒店业带来更多发展机遇,并为环保事业作出积极贡献。

第四节 跨界合作与创新

跨界合作是酒店业在不断追求卓越和创新的过程中采取的一种重要策略。通过与其他行业进行合作，酒店可以融合不同领域的优势资源，打造独特的服务和体验，从而吸引更多的客户并提升竞争力。

一种常见的跨界合作是与艺术和文化领域的合作。许多酒店将艺术品和文化元素融入酒店的设计和服务中，营造出独特的文化氛围。例如，酒店可以与当地艺术家合作，将其作品展示在酒店的公共区域或客房内，使客户能够在休闲和入住的同时欣赏到艺术品。此外，一些酒店还会举办艺术展览和文化表演活动，吸引更多文化爱好者前来体验。

除了与艺术文化领域的合作，酒店还可以与科技公司进行跨界合作，引入先进的科学技术，如人工智能技术。通过人工智能技术，酒店可以实现智能化的客房管理和服务，提供个性化推荐和建议，为客户打造更加舒适和便捷的入住体验。

跨界合作还可以体现在酒店与其他产业的合作上。例如，酒店可以与当地的农场合作，采用当地新鲜的有机食材，以提供绿色健康的餐饮服务；可以与健身和运动产业合作，以提供专业的健身设施和健康指导，满足客户的健康需求。这种跨界合作不仅可以提升酒店的服务品质，还可以促进当地产业的发展，实现共赢的效果。

一、跨界合作的意义

酒店设计在当今社会中积极进行跨界合作，这一趋势已经成为许多酒店的特色。通过与其他行业和领域进行合作，酒店能够吸引更广泛的客户群体，提供更多样化的服务和体验。一些高端酒店常常与知名设计师、建筑师和艺术家合作，共同打造独特的空间和装饰风格。这种合作可以带来创新的设计理念和艺术元素，为酒店营造出独特的氛围和个性化的品牌形象。

另外，酒店还可以与当地文化机构、艺术院校、社区组织等合作，举办文化活动、艺术展览和社区项目，将当地文化及学校和社区资源融入酒店的服务中。酒店的公共区域可以作为艺术的展示场所，如酒店大堂、餐厅和休息区通过艺术品装饰，能为客人创造出充满艺术氛围的空间。酒店可以与当地艺术家合作，定期举办艺术展览和文化活动，以吸引更多艺术与文化爱好者；可以与当地艺术机构和画廊合作，举办各种主题展览和艺术活动，为客人提供一个与艺术家近距离接触的机会。这种与艺术界的跨界合作，使酒店成为独特的文化场所，能吸引众多艺术爱好者和文化游客。通过与艺术家和文化机构的合作，酒店能成功地将艺术元素与酒店服务相结合，打造充满创意和个性的独特空间。

谈到酒店设计的跨界合作，不得不提到 W 酒店。W 酒店隶属于万豪国际酒店集团，是一家奢华时尚的酒店品牌。W 酒店与众多艺术家、设计师以及时尚品牌展开合作，不断创新，并将艺术的灵感注入酒店的方方面面。这种独特的设计理念不仅体现在空间布局中，还贯穿于服务细节之中。此外，W 酒店定期举办艺术展览、时尚派对、音乐演出等活动，吸引了众多时尚达人和文化爱好者的关注。

图 5-24 精心布置的艺术装置成了独特的视觉焦点，为酒店创造出与众不同的艺术氛围

二、多元合作的创新

1. 与艺术家合作

与艺术家的合作在酒店设计领域展现出了独特的创意和艺术魅力，为酒店赋予了别具一格的氛围与体验。当艺术家与设计师携手合作，将他们的创造力与专业知识相互交融时，酒店的内部空间便蜕变为一个充满惊喜与灵感迸发的艺术殿堂。（图 5-24 至图 2-28）

在艺术家与设计师的协作过程中，确保双方理念和创意的相互融合至关重要，从而打造出一种浑然一体的设计效果。为此，深入的沟通和密切的合作显得尤为关键，旨在确保艺术作品与设计元素在酒店的不同区域中得以和谐共生、相互辉映。这样的合作不仅提升了酒店的整体品质，更让客人在入住期间享受到一场视觉与心灵的盛宴。

2. 与科技公司合作

与科技公司的合作在现代酒店设计中正发挥着越来越重要的作用。通过与科技公司的合作，酒店可以整合各种智能科技，为客人提供更便捷、高效的入住和服务体验。这种合作不仅可以提升客户满意度，还可以增强酒店的竞争力和品牌形象。

图 5-25 酒店室内的装饰画和艺术装置

图 5-26 深色的沙发营造出温馨舒适的氛围,为宾客提供了宽敞的休息区域

图 5-27 植物和雕塑作为装饰元素,不仅增添了绿意和自然元素,还为空间注入了艺术气息

图 5-28 白色的墙面在深色基调中形成了鲜明的对比

在科技公司的协助下，酒店可以引入数字化解决方案，例如移动入住、自助办理等，从而简化入住流程，让客人免去烦琐的等待和手续。与科技公司合作还可以延伸至酒店的服务领域。例如，引入人工智能技术和语音识别技术，酒店可以提供24小时在线客服，回答客人的问题和需求；智能机器人也可以在酒店大堂迎接客人，提供基本信息和引导服务。

除了提升客户体验，与科技公司合作还可以为酒店节省成本和资源。自动化的智能系统可以降低人力成本，而数据分析技术可以帮助酒店更好地了解客人的需求和偏好，从而进行精准的市场定位和营销活动。

3. 与其他行业合作

跨行业合作在酒店设计领域中正变得愈发重要，它为酒店带来了创新的可能性，通过与其他行业如餐饮业、娱乐业等合作，可以为酒店打造更为多元且丰富的全方位体验。（图 5-29）

与餐饮行业合作时，酒店可以引入知名厨师或餐饮品牌，打造独特的餐饮体验。精心设计的餐厅和酒吧不仅可以满足客人的味蕾享受，还能成为酒店的特色之一。菜单的设计、食材的选择以及用餐环境的营造，都要与酒店的整体设计风格相呼应，为客人创造出美味与美好的体验。

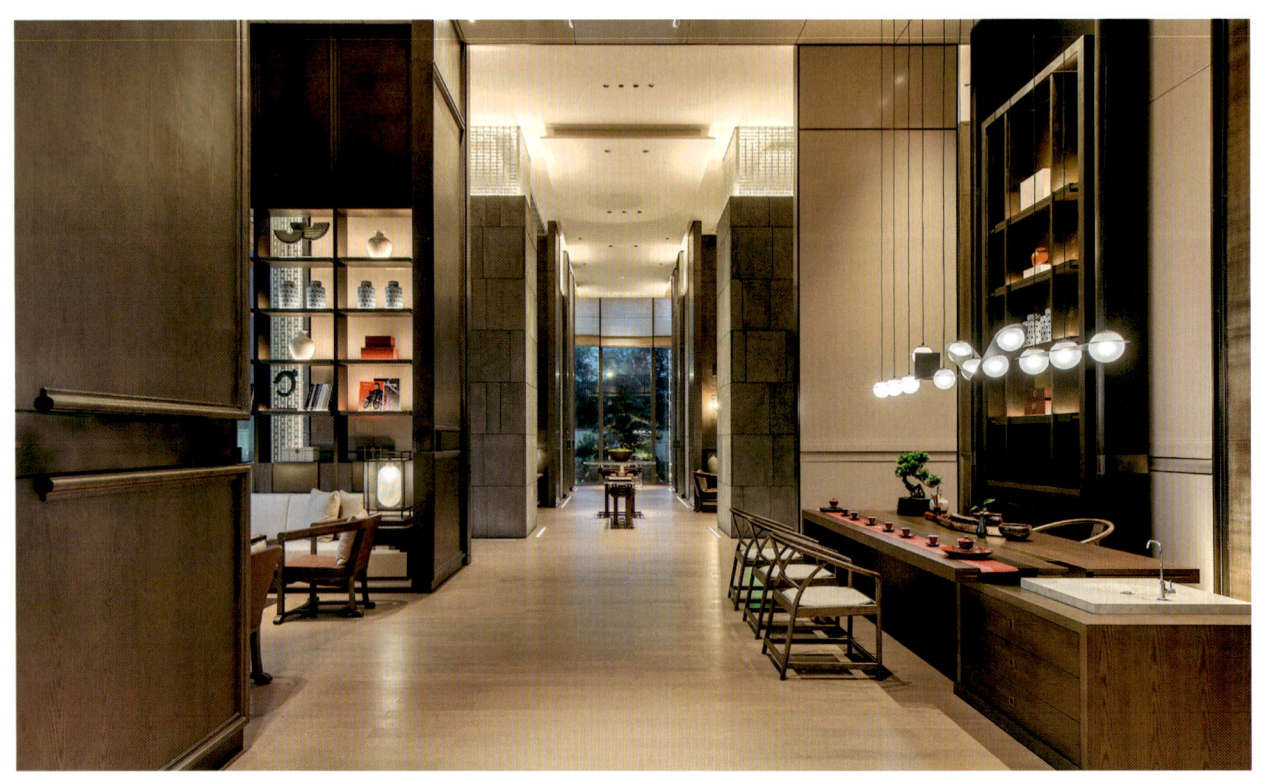

图 5-29 酒店茶室空间

娱乐行业也是一个潜力无限的合作领域。与娱乐公司合作，酒店可以丰富客人的休闲娱乐选择，比如设置演出、音乐会、文化活动等。

例如位于美国拉斯维加斯的 Aria 酒店，是一家豪华度假酒店，它的成功得益于与科技公司、艺术家的合作。酒店在设计和服务中融入了最新的科技和艺术元素，为客人提供了独特而个性化的体验。

首先，Aria 酒店与科技公司合作，将智能科技应用于酒店的运营和管理中。客人可以通过智能手机或房间里的平板电脑控制房间的温度、灯光、窗帘等，实现智能化的房间控制。此外，酒店还引入了人工智能技术，通过数据分析了解客人的偏好和需求，为客人提供个性化的推荐和服务。

其次，Aria 酒店与艺术家合作，在酒店的公共区域和房间内展示了大量的艺术品和装饰品，为客人创造了一个艺术氛围浓厚的环境。

此外，Aria 酒店设计师将独特的设计理念融入酒店的建筑和室内装饰中。酒店的建筑设计非常独特，采用了现代化的建筑风格和材料，给人一种现代和未来感。酒店室内装饰尤其注重细节和舒适性，为客人打造出豪华、舒适的住宿环境。

三、推动酒店设计走向可持续发展

推动酒店设计走向可持续发展是未来酒店设计领域的一个重要趋势。随着社会对可持续性和环保的关注日益增加，酒店业也在积极寻求更加可持续性与环保的设计方案，以减少对环境的影响并提升社会责任感。（图 5-30）

在酒店设计中，可持续性的考虑体现在多个方面。首先，建筑材料的选择变得更加注重环保。使用可再生材料、低碳排放材料以及可回收利用的材料，可以减少资源浪费和环境污染，同时也为酒店创造出更加健康和舒适的室内环境。其次，节能和环保的技术应用成为设计的重要方面。采用智能化系统，如节能照明、智能温控等，可以降低能源消耗，减少浪费。太阳能、风能等可再生能源的应用也在逐渐增加，为酒店提供了更加环保的能源选择。最后，酒店设计还可以从空间布局和功能规划的角度考虑可持续性。优化空间布局，减少浪费，实现空间的多功能利用，有助于提高资源的利用效率。同时，将生态环保的理念融入设计中，打造室内绿色景观、水景等，为客人创造出更接近自然的环境。

除了在设计过程中考虑可持续性，酒店的经营和管

图 5-30 大面积落地玻璃为空间引入了丰富的自然光线，将室内与室外景色融为一体

理也需要与之相符。通过培训员工的环保意识、减少浪费和能源消耗等，促使酒店运营更加环保、可持续。

1. 环保材料的应用

在推动酒店设计走向可持续发展的进程中，环保材料的应用是一个关键因素。选择环保材料作为酒店建筑和装饰的基础，不仅能够减少资源的消耗，还能有效降低对环境造成的污染。在环保材料的选择上，可再生材料是一种重要的选择，如竹木、麻绳等，它们具有快速生长和再生的特性，能够减少木材资源的压力。同时，还应注重低碳排放材料的选择，这些材料在生产和使用过程中产生的碳排放较低，有助于降低碳足迹。而对于已经使用过的材料，回收利用也是一种重要的策略。通过回收利用废弃材料，不仅能减少废弃物的排放，还能降低对新材料的需求。环保材料的应用不仅可以提升酒店的可持续性，还可以为酒店赋予独特的设计风格，向客人传递环保理念，为他们创造更加健康、舒适的居住环境。

2. 节能技术的整合

在推动酒店设计走向可持续发展的过程中，节能技术的整合起着关键作用。这包括引入各种智能化系统，如智能温控和节能照明系统，以降低酒店的能源消耗。智能温控系统可以根据客房的实际使用情况自动调节室内温度，避免不必要的能源浪费。而节能照明系统则采用高效能源灯光技术，通过传感器和定时控制，实现在没有客人时自动关闭灯光，从而减少不必要的用电。除了智能系统，引入可再生能源也是重要的策略。太阳能、风能等可再生能源具有绿色、清洁的特性，可以用来为酒店供电，降低对传统化石能源的依赖，同时减少碳排放。通过整合节能技术，酒店可以实现在提供优质服务的前提下，减少能源消耗，降低运营成本，达到可持续发展的目标。这不仅对环境友好，也有助于提升酒店的市场竞争力，吸引越来越关注环保的客户，为酒店产生积极的社会和经济效益。

3. 绿色景观与生态设计

在推动酒店设计走向可持续发展的过程中，绿色景观与生态设计的应用具有重要意义。通过在室内外融入丰富的绿色景观和水景，酒店可以为客人创造出近乎自然的环境，提供愉悦的居住和休闲体验。绿色景观不仅能够美化空间，还可以带来舒缓的心灵享受，使客人能够在绿意环绕中放松身心、缓解压力。同时，绿色植物还具有净化空气的作用，有效去除有害气体，并释放氧气，提升空气质量，为客人创造健康舒适的居住环境。

生态设计的核心思想是在设计中考虑生态平衡，减少对环境的负担。通过合理的景观规划和植物选择，可以实现水土保持、减少水资源消耗等目标。例如，在酒店外部设置雨水花园，收集雨水进行植物浇灌，降低水资源消耗。此外，生态设计还提倡低维护的植物种植，减少园艺管理所需的化学药品使用，降低对环境的污染。

绿色景观与生态设计的应用不仅可以为酒店营造独特的自然氛围，也有助于提高空气的质量和客人的舒适度。这种设计理念不仅能够满足客户对健康环境的需求，还能够使酒店成为积极响应环保理念的先锋，为可持续发展作出贡献。

实训练习

1. 实训内容

运用未来科技和环保理念，完成具有前瞻性的未来型酒店设计方案，包括室内空间布局和创新性的服务体验等。

2. 实训要求

（1）提供酒店概念图或模型，展现整体设计思路。

（2）编写设计方案说明，阐述创新理念和运用的前沿技术。

（3）考虑商业可行性和客户体验，确保设计方案符合未来市场需求。

第六章

酒店设计实践案例

第一节　熊猫很困酒店

第二节　博鳌·君临天下度假酒店

第三节　长航·美仑酒店

教学目标

1.实战案例的理解与分析：学生能掌握不同类型酒店设计特点，分析成功案例中关键因素，形成深刻实际应用认知。

2.应用理论知识解决实际问题：培养学生将理论知识应用于实践的能力。

教学重难点

重点：

1.案例理解与分析的能力：重点提升学生对酒店设计案例的深入分析与理解能力，使其精准捕捉设计亮点与成功因素。

2.应用理论知识解决实际问题的实践能力：培养学生有效运用所学理论知识于实际设计，并灵活应对设计挑战。

难点：

1.深度分析酒店设计实践案例的挑战，要求学生具备较高的分析和综合能力。

2.将理论知识灵活应用于实际设计案例，解决真实情境中的具体问题，要求学生具备实际应用能力。

第一节 熊猫很困酒店

熊猫很困酒店位于成都市太古里，由重庆年代营创室内设计有限公司设计，于2022年9月正式开业，是一家以文化为主题的艺术酒店。酒店面积达5000m^2，共拥有108间精心设计的客房，为宾客提供个性化的入住体验。（图6-1至图6-11）

整个酒店以莫兰迪色系的大幅艺术画、趣味性的大猩猩雕塑、充满奇趣的艺术品，以及量身定制的家具、主题挂画和艺术灯具等陈设营造出极具特色的时尚中古风。酒店的设计注重美感与实用性的平衡。每一间客房都倾注了独特的艺术氛围，精心搭配的色彩和精心挑选的材料使每位宾客都能感受到舒适与温馨。现代感与自然元素的融合让宾客在酒店中得以享受城市活力与宁静氛围的双重体验。

在主要材料的选择上，巧妙地运用了黑木铜、橡木、水磨石、艺术砖、红洞石以及乳胶漆等多种材料，营造出高贵、温暖、独特的质感。酒店的整体设计层次鲜明，色彩搭配谨慎而巧妙，

码1 熊猫很困酒店
方案设计

使空间更显和谐之美,营造出舒适宜人的氛围。

熊猫很困酒店不仅代表着独特的艺术品位,更是现代设计理念与舒适居住体验的结合。其独特的主题材料和设计理念,为宾客提供了一个与众不同的住宿选择。无论是材料的选择、色彩的运用,还是整体的设计概念,酒店都传递出了一种与众不同的现代艺术氛围,为宾客创造出难忘的居住体验。

图 6-1 酒店外观

图 6-2 酒店大堂

图 6-3 酒店公区

图 6-4 酒店餐厅 1

第六章
酒店设计实践案例

图6-5 酒店餐厅2

图6-6 酒店通道

119

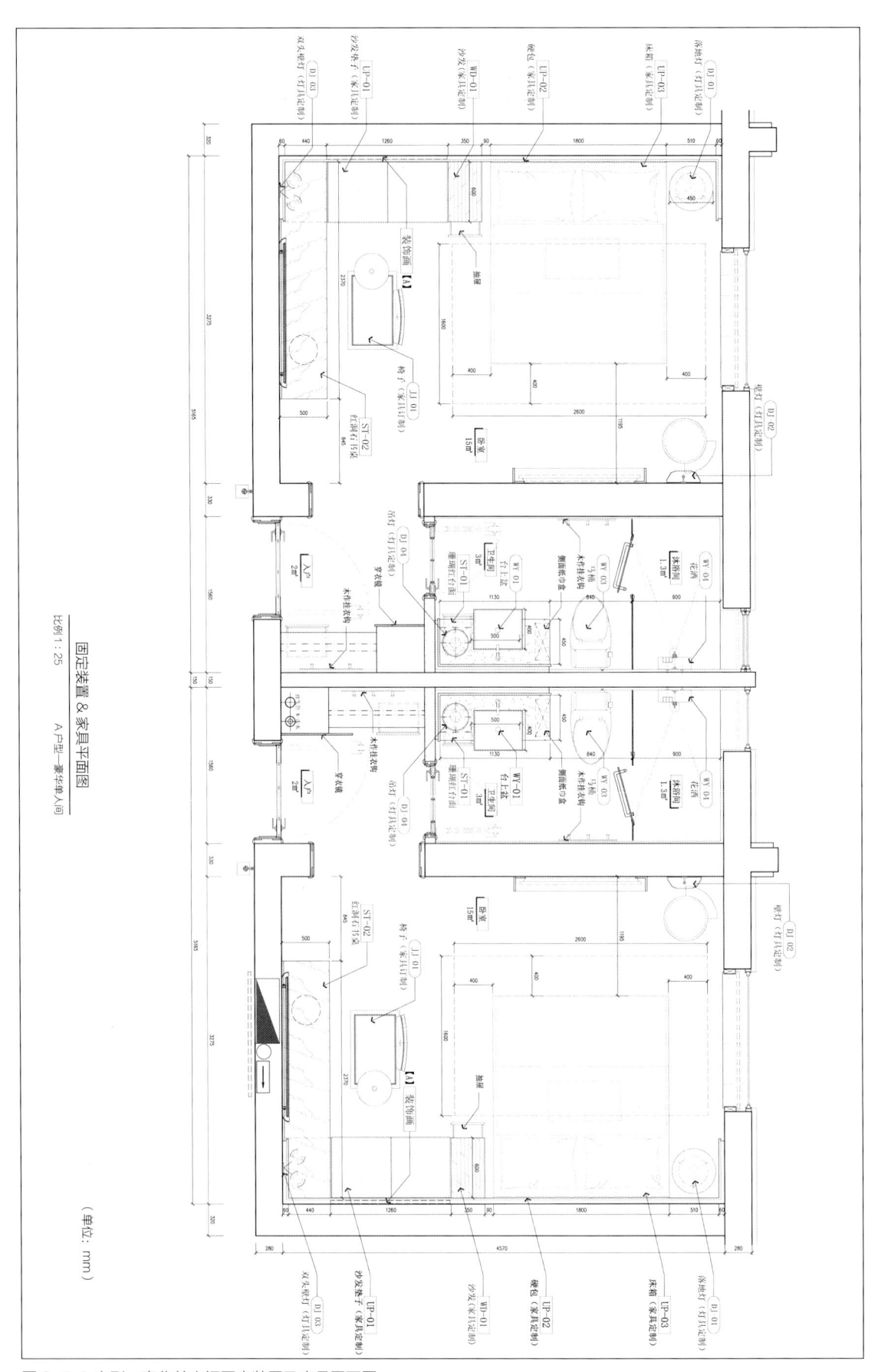

图 6-7 A户型—豪华单人间固定装置及家具平面图

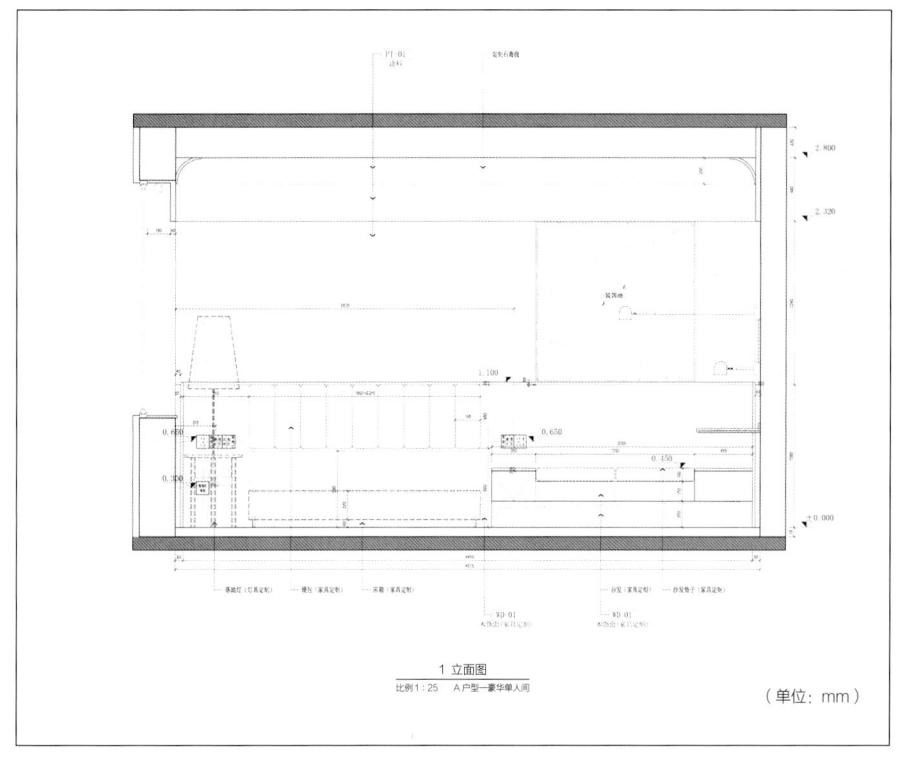

图 6-8 A 户型—豪华单人间立面图 1

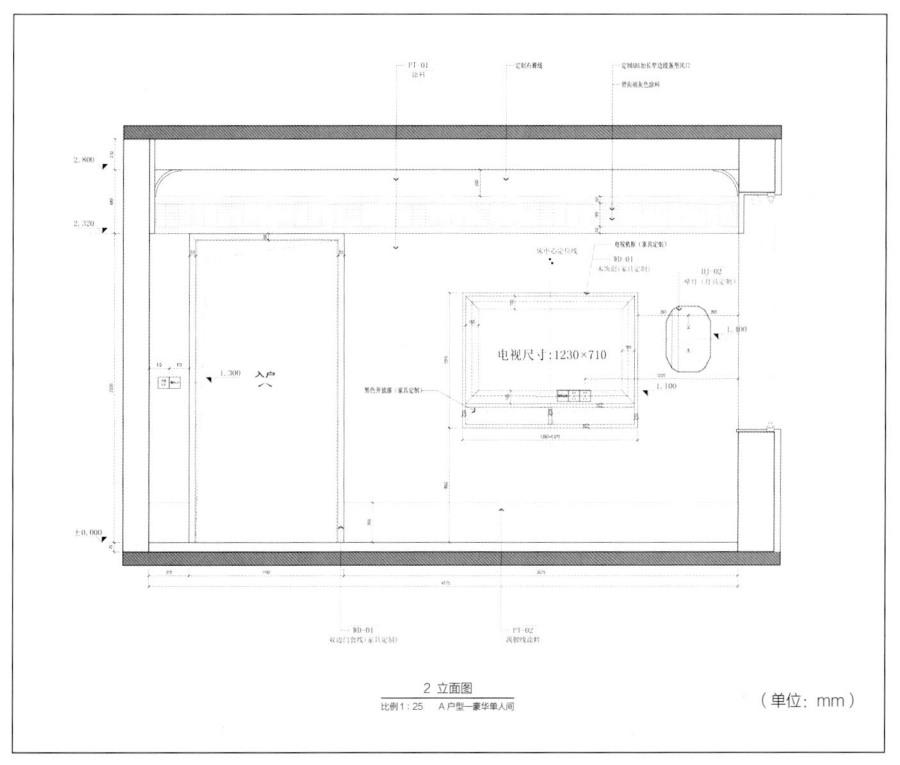

图 6-9 A 户型—豪华单人间立面图 2

图 6-10 酒店客房

图 6-11 客房卫生间

第二节　博鳌·君临天下度假酒店

博鳌·君临天下度假酒店由重庆同尚德伽装饰设计工程有限公司倾力打造。其设计理念旨在赋予酒店独特的文化气息，提升其视觉美感。设计师巧妙利用简单的材料和合理的造价，塑造出度假酒店的卓越视觉体验。这里不仅是度假的理想之地，更是人们寻求内心平静与安宁的心灵港湾。（图 6-12 至图 6-24）

轻奢风格在设计领域展现出了独特的细腻处理与行业竞争力，它通过差异化的设计元素创造出独特的魅力，注重舒适感与人性化服务的融入。本设计的一大亮点在于融入轻奢风格，将色彩置于形态之前，以吸引观者的目光并塑造出鲜明的品牌形象，营造出一种沉静而淡定的氛围，让宾客在踏入酒店的一刹那，便能感受到与众不同的独特氛围。在材料的选择上，巧妙地运用了织物、瓷砖、石材和木材等多种材质，以传达出质朴、生态和柔和的设计理念。家具饰品的搭配也是本设计的一大特色，融合了休闲、混搭和艺术等多种元素，为整体风格增添了独特的艺术魅力。

对于目标客户群而言，这里不仅是一个短暂的栖息地，更是一个能够让他们放松身心、享受生活的场所。设计师深知每位宾客都期待在这里获得独特的体验与感受。因此，通过巧妙地运用轻奢风格的设计理念，设计师将度假酒店的文化韵味、色彩搭配、材料运用以及家具饰品等元素有机融合，为宾客们打造出一种难以忘怀的居住体验，满足他们对独特性、舒适度和视觉享受的追求。

码 2　博鳌·君临天下度假酒店方案设计

图 6-12　酒店外观

酒店平面布置设计比对图

一层原始平面布置图
(单位：mm)

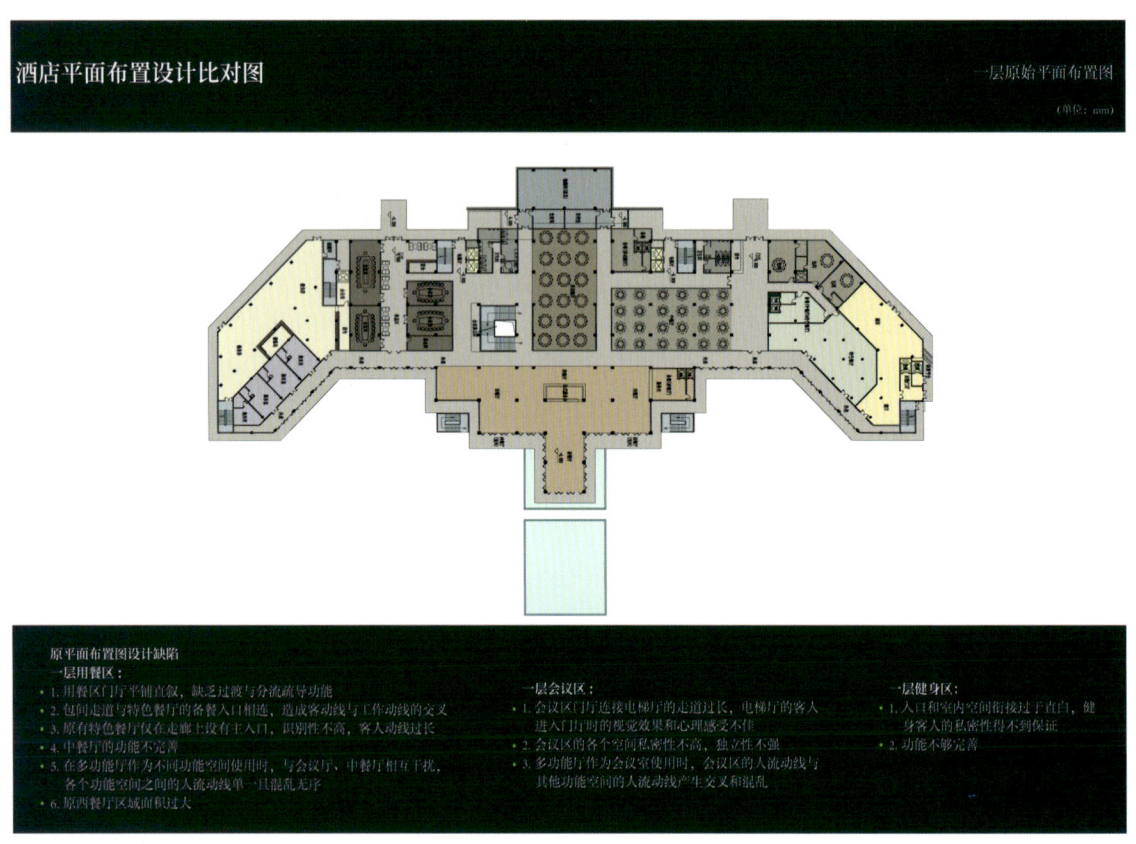

原平面布置图设计缺陷

一层用餐区：
1. 用餐区门厅平铺直叙，缺乏过渡与分流疏导功能
2. 包间走道与特色餐厅的备餐厅入口相连，造成客人动线与工作动线的交叉
3. 原有特色餐厅仅在走廊上设有主入口，识别性不高，客人动线过长
4. 中餐厅的功能不完善
5. 在多功能厅作为不同功能空间使用时，与会议厅、中餐厅相互干扰，各个功能空间之间的人流动线单一且混乱无序
6. 原西餐厅区域面积过大

一层会议区：
1. 会议区门厅连接电梯厅的走道过长，电梯厅的客人进入门厅时的视觉效果和心理感受不佳
2. 会议区的各个空间私密性不高，独立性不强
3. 多功能厅作为会议室使用时，会议区的人流动线与其他功能空间的人流动线产生交叉和混乱

一层健身区：
1. 入口和室内空间衔接过于直白，健身客人的私密性得不到保证
2. 功能不够完善

图6-13 酒店一层原始平面布置图

酒店平面布置设计比对图

一层修改平面布置图一
多功能厅作为会议室使用时的平面及动线（一）
(单位：mm)

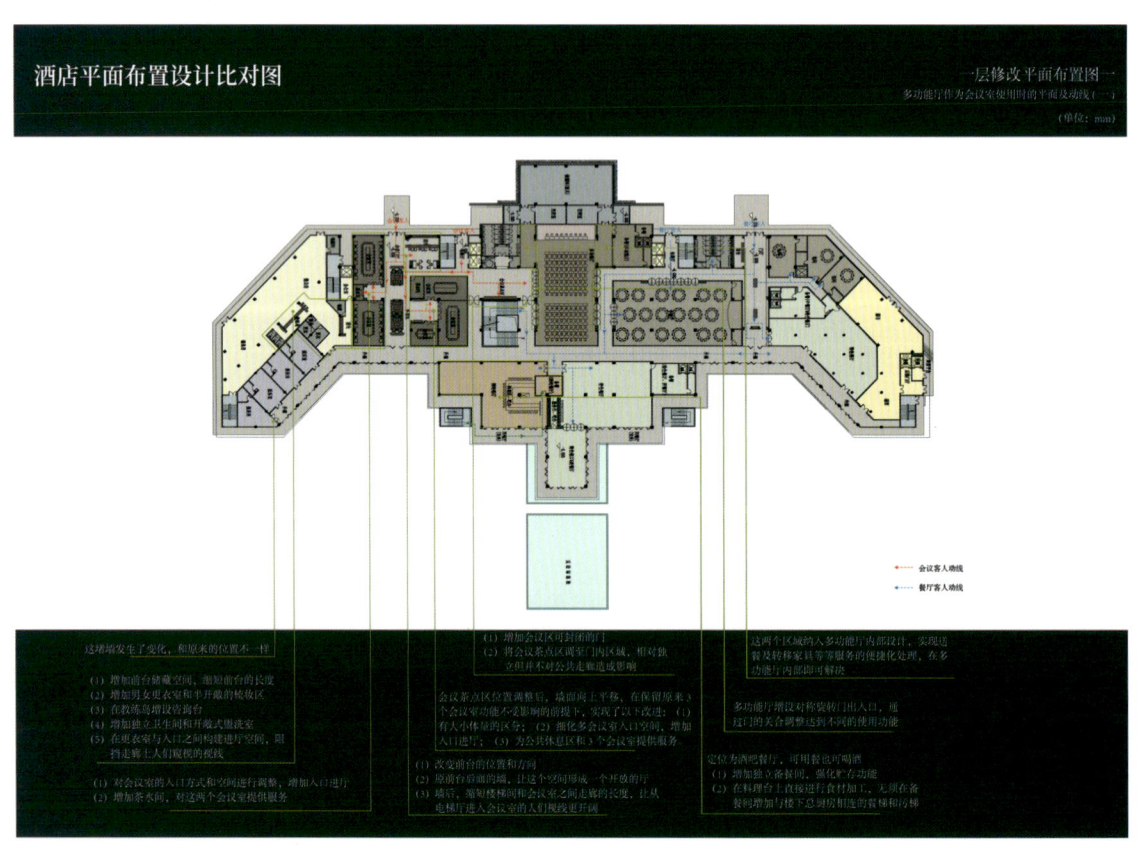

图6-14 酒店一层修改平面布置图一

124

第六章
酒店设计实践案例

图 6-15 酒店大堂

图 6-16 酒店西餐厅

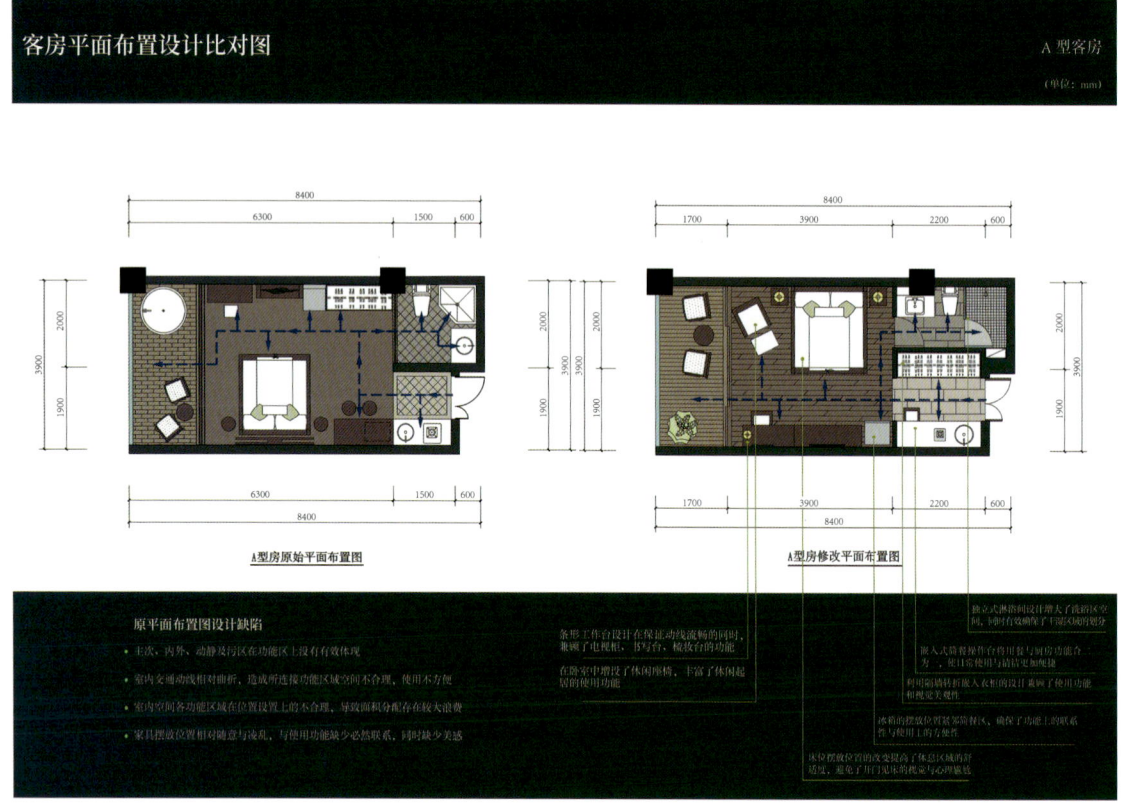

图 6-17 A 型客房平面布置设计对比图

图 6-18 B 型客房平面布置设计对比图

第六章
酒店设计实践案例

图 6-19 客房效果图

（单位：mm）

图 6-20 B 型客房户外花园平面图 1

127

图 6-21 B 型客房户外花园效果图 1

图 6-22 B 型客房户外花园方案 1

第六章
酒店设计实践案例

（单位：mm）

图 6-23 B 型客房户外花园平面图 2

图 6-24 B 型客房户外花园效果图 2

129

第三节　长航·美仑酒店

　　长航·美仑酒店位于重庆市渝中区繁华商业地段，是一家高档型的精品酒店，于2023年7月开业。酒店总面积达6700m²，设有139间精心设计的客房。长航·美仑酒店地理位置得天独厚，坐拥渝中区商业中心，成为商业精英和旅行者的首选。酒店在设计中巧妙融合了商务与奢华元素，致力于为宾客提供卓越的入住体验。（图6-25至图6-34）

　　酒店每一间客房都散发着独特的氛围，中古风格的设计元素、与航运相关的装饰，以及精心策划的色彩搭配和材质选择，为宾客创造了一个舒适、时尚的私密空间。橡木、水磨石、条砖、黄铜、皮革、艺术漆和乳胶漆等多种材质的巧妙运用，为酒店的设计增色不少。橡木的温暖与水磨石的质感融为一体，条砖的几何美与黄铜的高贵光泽相得益彰，皮革和艺术漆的点缀赋予空间时尚气息，乳胶漆的应用进一步提升了室内的整体品质。

　　这种中古风格与航运元素的独特融合，使长航·美仑酒店的空间更加引人注目，为酒店营造了独具魅力的设计风格，让宾客在舒适的环境中感受到独特的魅力和温馨。

码3 长航·美仑酒店
方案设计

图6-25 酒店外观

第六章
酒店设计实践案例

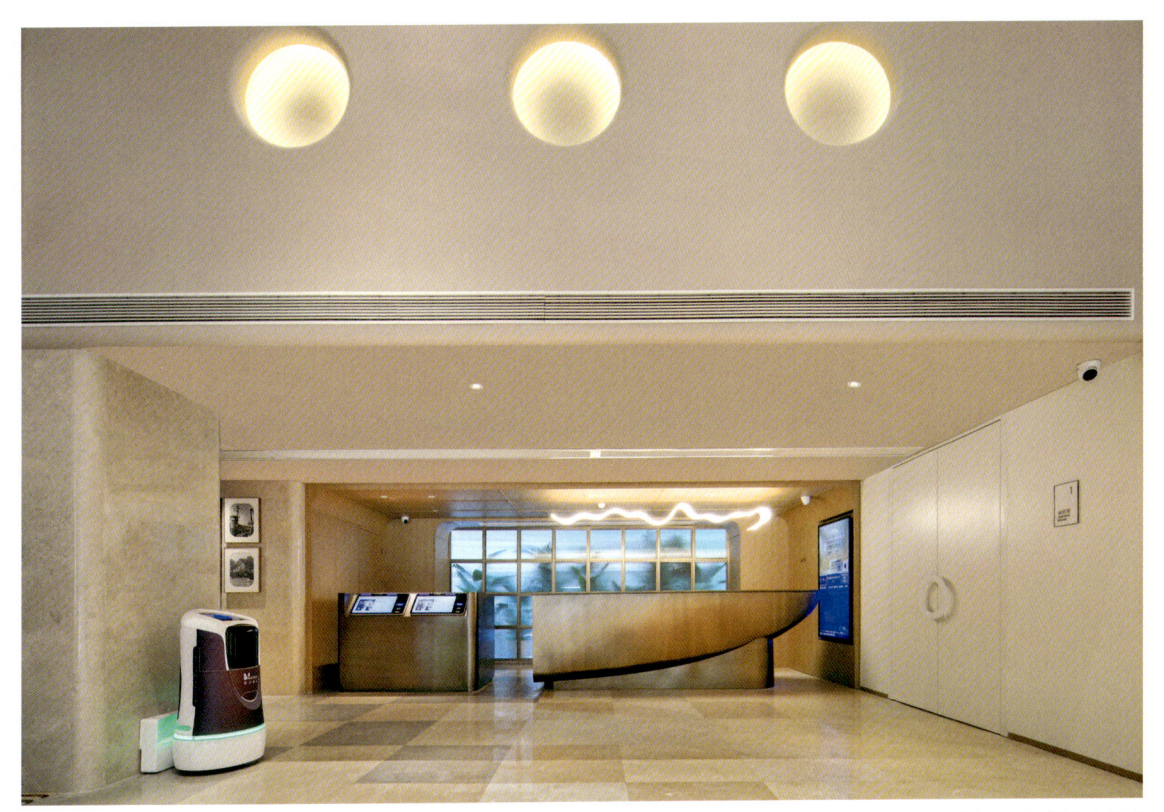

图 6-26 酒店大堂 1

图 6-27 酒店大堂 2

131

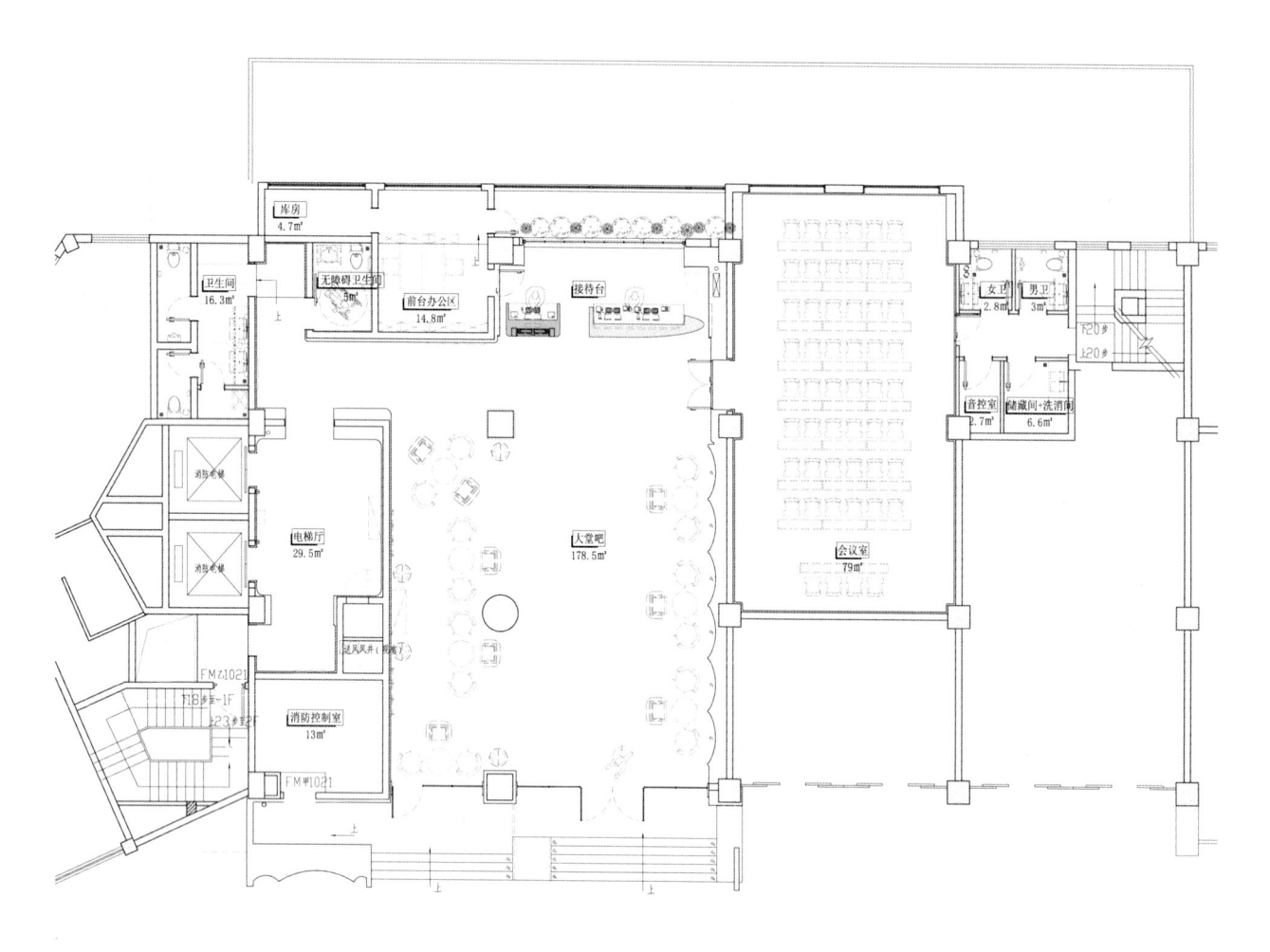

固定装置＆家具平面图

比例1：100　　入户大堂吧

图6-28 入户大堂吧固定装置及家具平面图

第六章
酒店设计实践案例

图 6-29 酒店会议空间

图 6-30 酒店通道

133

图 6-31 家庭主题房

图 6-32 酒店大床房

图 6-33 套房会客区域

图 6-34 酒店闺蜜房

实训练习

1. 实训内容

自行选择酒店设计案例，对现有酒店设计方案进行分析和改进，提出创新性的设计方案。

2. 实训要求

（1）针对现有案例的不足，提出改进方案，包括创新设计、科技应用、个性化服务等方面。

（2）完成改进方案设计图纸，包括平面图、天棚图、立面图、效果图。

（3）编写设计方案说明，详细描述创新点和实现方法，并附上示意图或模型展示概念图。

参考文献

1. 理查德·H·彭奈尔，劳伦斯·亚当斯，斯蒂芬妮·K.A·罗宾逊. 酒店设计规划与开发 [M]. 周莹，阎立君，译. 桂林：广西师范大学出版，2015.
2. 董辅川，王萍. 酒店设计手册 [M]. 北京：清华大学出版社，2020.
3. 沈渝德. 室内环境与装饰 [M]. 重庆：西南师范大学出版社，2000.
4. 杨春宇. 特色酒店设计、经营与管理 [M]. 北京：中国旅游出版社，2018.
5. 王琼. 酒店设计方法与手稿 [M]. 沈阳：辽宁科学技术出版社，2007.
6. 王群，尉肯宵. 酒店管理与经营 第3版 [M]. 杭州：浙江大学出版社，2023.
7. 师高民. 酒店空间设计 [M]. 合肥：合肥工业大学出版社，2009.
8. 王远坤，蔡文明，刘雪. 酒店设计与布局 [M]. 武汉：华中科技大学出版社，2017.
9. 郝大鹏. 室内设计方法 [M]. 重庆：西南师范大学出版社，2000.

后　记

完成《酒店设计基础与实践》这本教材，我们深感荣幸与自豪。在编写过程中，我们经历了无数个日夜，投入了大量心血与汗水，希望为学生们呈现一本内容丰富、实用性强的酒店设计教材。现在，当我们回顾这段旅程，不禁感慨万分。

编写这本教材的初衷是为高等职业教育环境艺术设计专业的学生提供酒店设计领域的基础知识和实践技能，为他们未来的职业发展打下坚实的基础。在酒店行业迅速发展的背景下，我们深知培养优秀的酒店设计师对于行业的未来至关重要。因此，我们着眼于学生的学习需求，将理论与实践相结合，力求让学生在学习过程中能够获得更多的启发和帮助。我们不仅参考了国内外优秀的酒店设计案例，还充分考虑了行业的最新发展趋势，尽量使教材内容贴近实际应用。我们希望学生能够通过本教材的学习，了解酒店设计的全貌，并为未来的职业发展做好充分准备。

在教材编写过程中，感谢我们的同行与专家，他们提供的宝贵意见和建议对教材的改进起到了至关重要的作用。感谢就读于墨尔本大学的朱艾心悦同学在教材编写中的辛勤付出。她整理了教材的相关图片，还以专业的态度撰写了第二章和第三章的图说，为教材的完善贡献了重要力量。感谢西南大学出版社的领导和编辑的鼎力相助，他们的辛勤工作和专业知识确保了教材的质量和完整性。最后，向在编写过程中引用的参考文献和设计成果的诸位作者致以诚挚的谢意。

我们由衷地希望这本教材能够为学生们带来实实在在的帮助，希望学生们能够在学习酒店设计的过程中，不断开阔视野，培养创新精神，掌握扎实的设计基础知识和实践技巧。祝愿每一位学生在未来的职业生涯中都能发光发热，成就非凡。愿《酒店设计基础与实践》陪伴你们走向充满可能性的未来！